合同ブックレット　eシフト｜エネルギーシリーズ｜vol. 2

脱原発と自然エネルギー社会のための発送電分離

eシフト（脱原発・新しいエネルギー政策を実現する会）編

合同ブックレット・ｅシフトエネルギーシリーズについて

私たち「ｅシフト＝脱原発・新しいエネルギー政策を実現する会」は、福島第一原発事故のような事態を二度とくり返さないために誕生しました。原子力に依存してきた日本のエネルギー政策を自然エネルギーなどの安全で持続可能なものに転換させることを目指す市民のネットワークです。個人の参加に加えて、気候ネットワーク、原子力資料情報室、ＷＷＦジャパン、環境エネルギー政策研究所、ＦｏＥ Ｊａｐａｎなど、さまざまな団体が参加しています。

エネルギー政策は政府だけのものではありません。すべての市民に関係しています。しかし、２０１１年３月の福島第一原発事故の後、８割以上の市民が「脱原発」の意思表示をしているにもかかわらず（日本世論調査会２０１１年６月19日発表）、政府の原子力推進の方針は変わっていません。

私たちｅシフトは、自然エネルギーを活用した新しいエネルギー政策をみずから提案し、多くの人の声と力を集め、政治に働きかけ、これを実現させていくという目標を掲げています。正しい情報を集め、わかりやすく人びとに伝え、いま何をしたらよいのか、みなさんと一緒に考え、行動していきたいと思っています。

そのために、この合同ブックレット・ｅシフトエネルギーシリーズでは、脱原発と新しいエネルギー政策を実現するためのキーワードを取り上げて、有効な知識や論点、方法を見いだしていきます。

ぜひ、みなさまの学習や活動にお役立てください。

読者のみなさまへ

原発が象徴する電力幕藩体制からエネルギー自治を取り戻していくために何が必要か、本書には実践的な手がかりが詰め込まれています。それは大きく分けると、発送電分離、全国送電網、ＴＳＯ（送電系統運用機関）、電力取引所、独立規制機関などを主要要素とする制度上の大改編と、ドイツのシェーナウ市民たちが挑んだような草の根的な取り組み、つまり上からと下からの二本立てで同時進行的に進めなければなりません。

鹿児島県の屋久島では、電力に限れば、自然エネルギーをほぼ１００％実現しています。豊富な水を利用し、九州電力とは別の私企業が水力発電の電気を供給していて、発送電分離も既成事実なのです。伏魔殿の片隅で電力幕藩体制からこぼれていたこのような例が、住民の意思しだいでエネルギー自治のトップランナーに躍り出られるかもしれません。発電量の余裕が7割もある屋久島と、隣の種子島とを10数㎞の直流海底ケーブルで結ぶだけで、両島の自然エネルギーシフトが身近になるでしょう。

脱原発と自然エネルギーを柱とする日本社会の再デザインは、想像力と創造力を全開してこそ取り組める新成長分野なのです。

星川 淳
屋久島在住30年の作家・翻訳家
一般社団法人アクト・ビヨンド・トラスト理事長

もくじ

合同ブックレット・eシフトエネルギーシリーズについて　2

読者のみなさまへ　星川　淳　3

第1章　発送電分離でどんな社会をめざすのか　飯田哲也（環境エネルギー政策研究所所長）……6

電力市場改革は自然エネルギー社会の「前提」／発送電分離の実現は東京電力の解体から／情報と市場原理をかしこく使う電力システムに／自然エネルギー導入拡大へと市場を誘導する／スーパーグリッドで周波数の問題を解決／ベース電源を原発から自然エネルギーへ／電力独占体制は戦後最大の「伏魔殿」／改革チームをつくって行政に送り込む／環境エネルギー庁の設立が必要

コラム1　電力会社の支配体制を生み出した総括原価方式……竹村英明

第2章　欧州の発送電分離のしくみ　山下紀明（環境エネルギー政策研究所主任研究員）……25

発電・送電・配電のしくみ／発送電分離の4段階／発送電分離と自然エネルギーの促進／欧州での電力自由化と発送電分離のあゆみ／「電力取引所」と電力選択の多様化／北欧の電力自由化と「ノルドプール」／垂直統合と地域独占を解体したドイツ／自然エネルギーを優先させるスペイン／ドイツで経験した暮らしのなかの「電力自由化」／欧州の電力改革の教訓

コラム2　カリフォニア大停電が起きた理由……山下紀明

第3章　九電力・地域独占体制は、どのようにしてつくられてきたのか　開沼　博（福島大学特任研究員）……44

九電力・地域独占体制とは何か／「地域独占」は電力だけ／意外に早い日本の電気事業の始まり／技術の発達と「電力戦国時代」／工業用電力の伸長と加熱する競争／電力の戦時統制で進む統合／

戦後すぐに確立した九電力・地域独占体制／九電力・地域独占体制を支えてきた論理

コラム3 電気事業連合会はどんな役割を担ってきたか……竹村英明

第4章 発送電分離とともに解決すべき課題

竹村英明（環境エネルギー政策研究所顧問）……61

日本は潜在的な自然エネルギー大国／風力だけで年間消費量の84%を調達可能／
機能していない「電力の部分的自由化」／ＰＰＳを苦しめる「託送料金」と「インバランス料金」／
「風車いじめ」の送電線接続ルール／自然エネルギーの変動は調整が可能／
地域独占の問題／地域間の「連系」で自然エネルギー導入は広がる

コラム4 自然エネルギー開発の「ルール化」は緊急課題……竹村英明

第5章 環境と子どもにやさしい電力会社をつくったドイツ・シェーナウの住民たち

及川斉志（自然エネルギー社会をめざすネットワーク共同代表）……77

チェルノブイリの衝撃から始まった「親の会」／豊かな自然に囲まれたシェーナウ市／
親の会、電力会社に物申す／「電力網を買い取る会」を設立する／
住民投票で勝利し、市民の電力会社設立へ／市の電力供給認可をめぐり電力会社と対決／
「厄介者キャンペーン」と「ＥＷＳ」の設立／電力市場の自由化で事業は全国規模に／
さらに環境にやさしいエネルギーをめざして／幅広い活動を展開するＥＷＳ

コラム5 市民がつくる発電所――藤野電力……小田嶋電哲

政府の電力システム改革の問題点 98

あとがき 私たちの「電気を選べる」しくみの実現にむけて……平田仁子 100

表紙デザイン ＴＲ・デザインルーム

第1章

発送電分離でどんな社会をめざすのか

飯田哲也（環境エネルギー政策研究所所長）

電力市場改革は自然エネルギー社会の「前提」

福島第一原発事故以降、多くの人が日本の電力システムのあり方そのものを問題視するようになりました。脱原発を実現するには、電力システムそのものから変えなくてはいけないという認識が広がっています。

私もまた、日本で脱原発と自然エネルギー社会を実現するには、現在の十電力独占体制を解体して、電力がフェアでオープンな市場で売り買いされるようにならなくては、と考えています。この電力市場改革の中心となる大きな改革が、最近、議論にのぼることが多い「発送電分離」です。

現在、日本の電力供給は、発電・送電・配電（売電）と、ほぼ一貫した地域独占・垂直統合の体制におかれています（図①）。

90年代以降、部分的な電力自由化は行なわれてきましたが、今でも発電から企業や家庭への配電（小売）まで、電力会社がほぼ一貫して独占する「垂直統合」の形になっています。**発送電分離とは、この地域独占・垂直統合を解体して、発電会社と送電会社、さらに地域の配電会社の3つに分離し、発電・配電部門への参入を自由化することです**（図②）。

しかし、発送電分離は、電力市場改革の中心ではありますが、すべてではありません。そして、電力市場改革だけで脱原発と自然エネルギー社会を実現することもできません。徹底的な市場改革を行なったイギリスが、自然エネルギーの普及という点ではまったく失敗しているのを見てもそれは明らかで

図①　垂直統合・地域独占体制（現状）

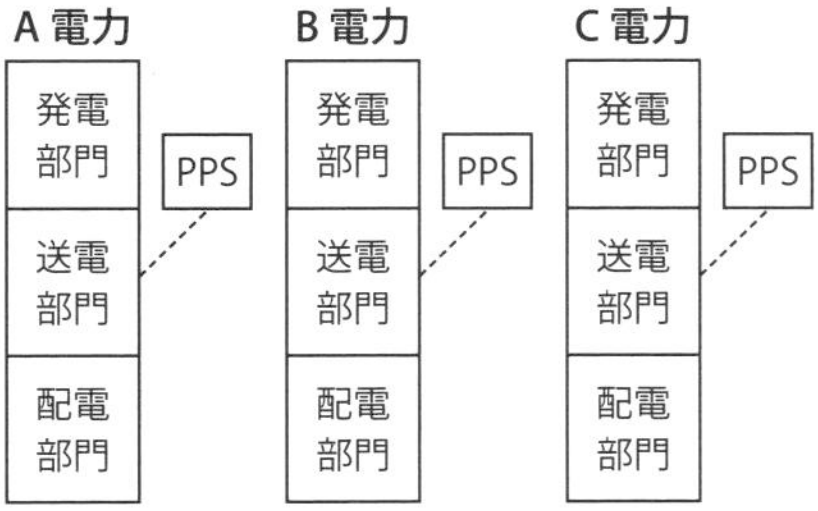

図②　発送電分離の構造

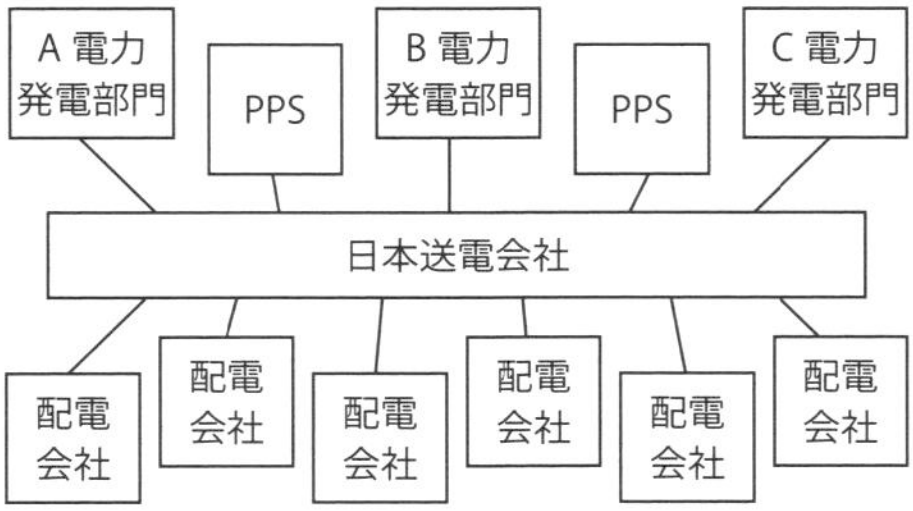

す。逆に、改革のスタートがもっとも遅かったドイツが、その点では先行しています。

とはいえ、オープンで公正な電力市場をつくる市場改革は、自然エネルギーを普及させていくための「前提」として不可避だと考えます。そのうえで、電力市場改革を自然エネルギー社会の実現につなげる道筋をつけることが重要でしょう。まずは、私の考える道筋を説明したいと思います。

発送電分離の実現は東京電力の解体から

最初は発送電分離の話から始めましょう。電力会社から全国送電網（ナショナルグリッド）を切り離して、これを一手に引き受ける「日本送電会社」というものをつくり、そこがすべての発電事業者と消費者に対してオープンでフェアなサービスを提供する。その下に、地域の配電を多くの地域配電会社が担う。これが私の考える日本の発送電分離のイメージです。

ここで「送電」と「配電」について説明しておきます。**「送電」とは発電所から変電所まで電気を送ることで、「配電」とは変電所から地域の各家庭や企業に電気を送ること**をいいます。欧米のほとんどの国では、発電所から変電所まで電気を送る超高圧基幹送電線については1つの送電事業者が行ない、変電所から地域への配電は、地域配電会社に任せる形になっています（図③）。

電力市場改革の中心となる**発送電分離には、会計分離、法的分離、機能分離、所有権分離の４つの段階があります**（26ページ参照）。

日本ではすでに会計分離は行なわれていることになっています。２００１年からの部分的な電力自由化で、十電力以外のPPS（特定規模電気事業者）の電力市場参入が認められました。彼らが電力会社の所有する送電線を、一定の制約のもと、託送料

図③　送電と配電　電気が家庭に届くまで

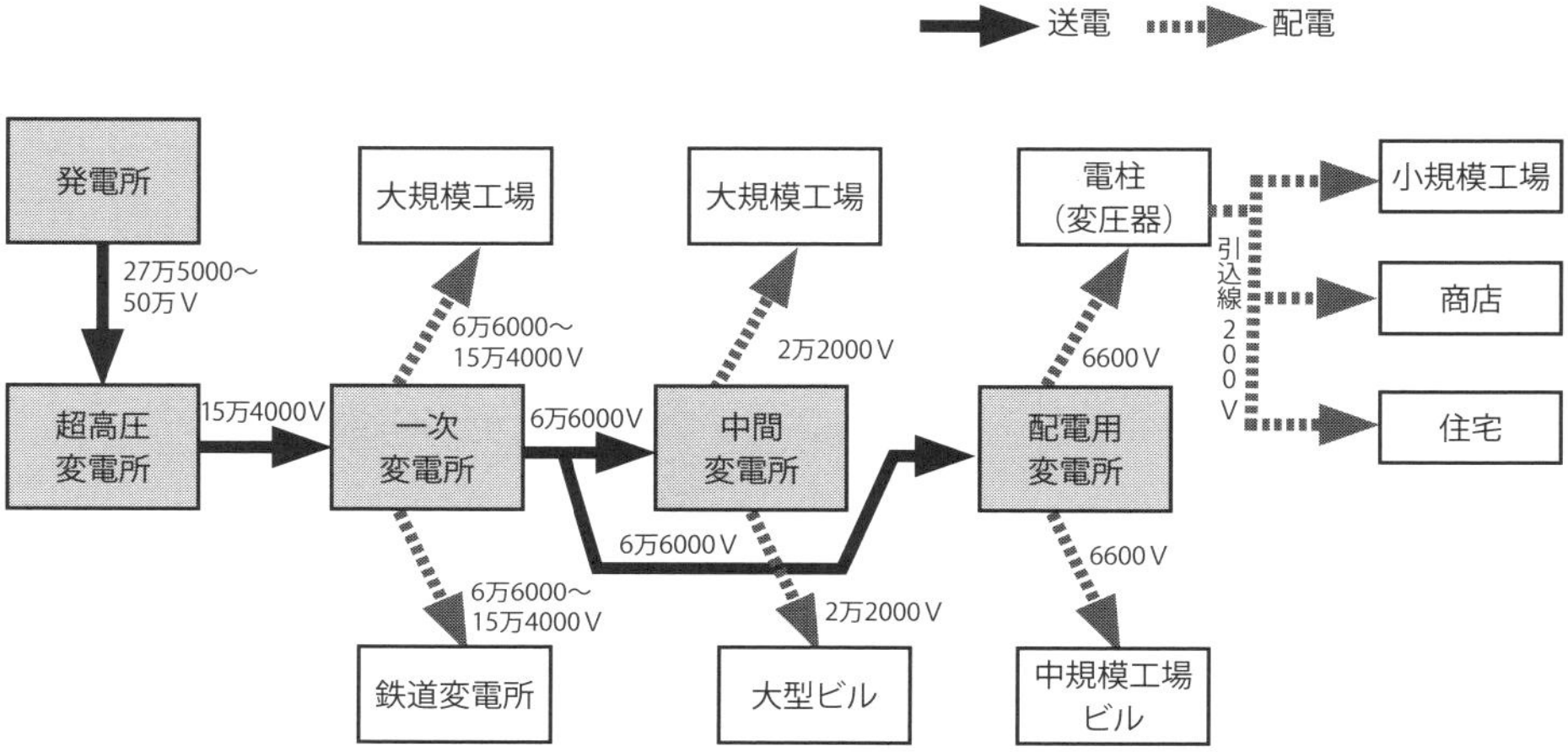

電気事業連合会「INFOBASE」より作成

（送電線の使用料）を支払って利用できるようになり、料金設定などで不公正があってはならないという考えから、送配電部門の会計を分離して中立性、公平性、透明性を高めるというのがその建前です。

しかし、その実態は「なんちゃって会計分離」にすぎません。電力会社は、非常に割高な託送料を取ることで、PPSの電力市場参入への障壁を高くしています。託送料金の価格算定方法も不透明であり、現状の会計分離がまともに機能しているとは思えません（66ページ参照）。

「なんちゃって会計分離」段階から、どのように所有権分離、つまり完全な発送電分離を実現できるか。その第一歩は東京電力の解体だと思います。東電を、旧東京電力、新東京電力、東京送電会社の3つの会社に分けるのです（図④）。

福島第一原発事故の巨額な賠償のために財政が悪化した東電は、実質的国有状態となっており、政府の管理下での経営再建を図っています。今なら、国が主導して東電を解体することが可能です。

まずは発送電の所有権分離をします。持株会社の下での分離ではなくて、完全別法人としての分離です。送電については一時国有化して「東京送電会

図④　東京電力の解体イメージ

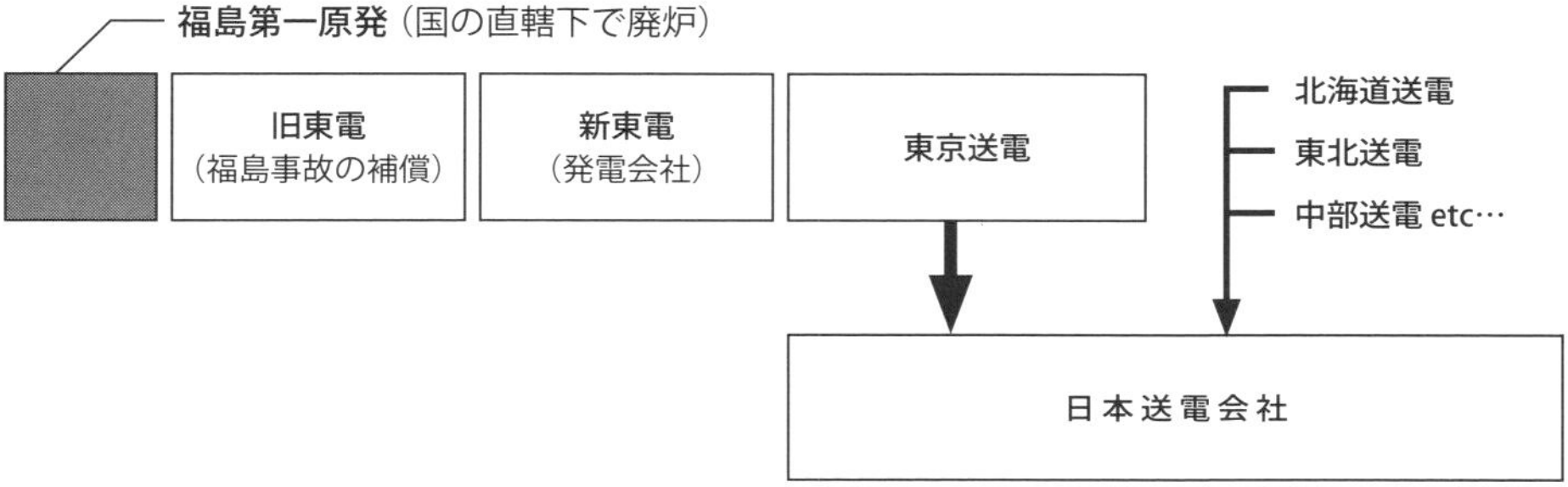

社」を設立する。

一方、損害賠償の処理と福島第一原発以外の、安定供給に必要な組織やインフラを東電から国が買い取り、財政がきれいな発電会社「新東京電力」として再出発させたうえで、民間競売にかける。1社にするのか、分割して2社にするのか、どちらがいいのかはわかりませんが、いずれにしろ高い値で売れるはずです。

残された「旧東電」は賠償機構と一体となり、福島事故の損害賠償を進めることを業務とします。「新東電」買い取りのために国から旧東電に支払われたお金は全額、損害賠償にあてることになります。

並行して電気事業法や独禁法を改正して、東電以外の電力会社においても持株会社の下で送電会社と普通の電力会社に切り分けていく。いちいち国がこれを買収していたら、「憲法違反だ」といわれるかもしれませんし、巨額な資金が必要になります。ですので、とにかく持株会社として切り離すというのが第1ステップとなります。

そうして北海道送電、東北送電など、十送電会社をつくらせたうえで、電力市場の4割のシェアを握る「東京送電」が幹事となってこれらを大同合併、「日本送電会社」を設立する。全国送電網（ナショナルグリッド）がこれで完成するのです。もともとの各電力会社（持株会社）は株主としてそこに参加し、それがフェアに運用されるのを見届けたら、国は手放してもいいし、管理・監督のために関与し続けてもいいでしょう。

その場合、原子力発電所はどうするか。まず、福島第一については、新旧東電から切り離して、国の直轄管理下で事故処理を進めるしかないでしょう。

それ以外の原発についてはどうするか。これについてはやはり、原子力政策の問題として議論しなくてはなりません。たとえば、「新東京電力」などの電力会社の下で10年間ぐらいは使っていくのか。それとも全国の原発をいったん国有化して、そのまま廃炉プロセスを進めていくのか。いくつかの選択肢がありうると思います。

情報と市場原理をかしこく使う電力システムに

電力システムの改革を考えるとき、もっとも教科書的でお手本になるのは北欧の電力システムです。ノルウェーにしろ、スウェーデンにしろ、国営電力会社を民営化、改革したので、中途半端な民営である日本の電力システムとは出発点が違います。それでも、目指すべきマーケットデザインということでいえば、やはり北欧のあり方を参考にしていくべきでしょう。

発送電分離によってさまざまな事業者が電気を市場で取引するようになると、電力供給が不安定になり、停電が増えると主張する人がいますが、ノルウェーをみれば、それは真っ赤な嘘であることがわかります。ノルウェーでは、発送電分離の後、逆に停電がどんどん少なくなりました。市場取引と関係なく、電力安定供給の責任は送電会社にあります。停電を起こして工場が止まるようなことになったら、発電会社や電力小売事業者ではなく、送電会社が賠償責任を負わなくてはならないのです。

また、欧米では情報と市場原理を活用することでピーク時の電力需要をコントロールする手法が使われています。電気料金の変化によって消費者の電力消費が変化することをデマンドレスポンス（需要反応）というのですが、市場原理を活用してピーク時の電気料金が高くなるようにして、それによってデマンドレスポンスを促すのです。この手法は、安定供給だけでなく省エネにもメリットがあります。

欧米の電力市場では、**各発電所の電気を1時間刻みで入札する「メリットオーダー」**（図⑤）**というしくみも行なわれています。**公開の取引所で、単価の安い発電所から購入していき、需要が大きくなるほど単価の高い発電所からの購入が増えるというものです。逆に需要が減って電気が余れば単価の高い発電所から供給を切り離します。需要が大きくなると電気代が高くなるので、電力消費を抑えるほうにインセンティブが働き、おのずと省エネが進むわけです。

日本では、ピーク時の需給のひっ迫に対しても中央給電指令所が職人芸で対応するだけです。需要の変動のコントロールに知恵を絞ることがなく、ただピーク時に供給が足りるか足りないかという議論がいまだに続いています。電力供給において情報と市場をかしこく使うということが、日本ではまるでできていません。いまだに20世紀の世界なのです。

送電線は、高速道路と同じように、公共の財産であるべきです。発送電分離は、本来あるべき公共に開かれた送電網を実現することになります。このことは、自然エネルギーの普及に大きなチャンスをもたらします。新規の発電事業者が参入しやすくなるからです。全国単一の送電網が完成すれば、チャンスは飛躍的に広がることでしょう。たとえば北海道や東北の風力発電所と東京のような大需要地を送電網で結ぶなど、各地域の自然の特性を最大限に生かすことができるようになります。これについては、後で少し詳しく説明します。

図⑤　メリットオーダー

各電源を入札価格の安い順番（メリットオーダー）に並べ変えたもの

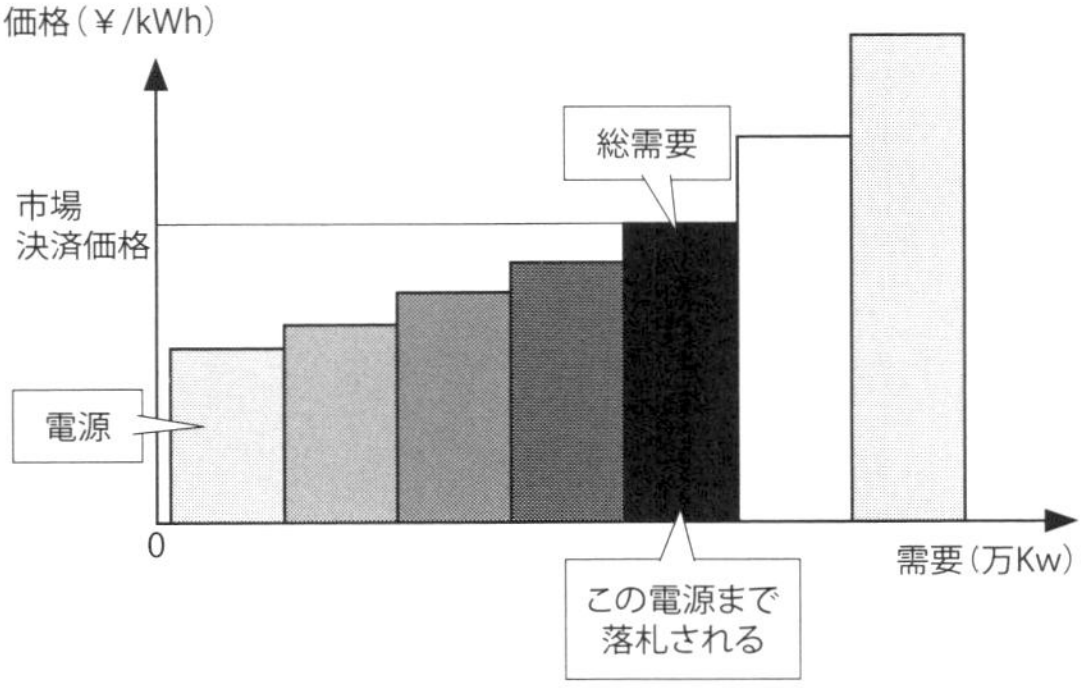

出典：東京電力の資料「TEPCO REPORT」より

自然エネルギー導入拡大へと市場を誘導する

自然エネルギー社会をめざすには、こうした電力市場改革とあわせて、自然エネルギーの導入拡大へと誘導していく施策が必要です。

第1に、自然エネルギーの優先的な買い取りによる支援が重要です。日本でも今年7月、固定価格買取制度（FIT）がようやく導入されました。これは、自然エネルギーでつくられた電力を固定価格で買い取ることを電力会社（送電会社）に義務付けるものです。これにより、自然エネルギーへの長期投資が可能になります。そして、普及の進展によって、同時にそれにともなう技術的進歩によって、生産コストも下がっていくことが期待されるのです。

２０１０年時点で85ヵ国でＦＩＴが行なわれており、自然エネルギーの普及拡大に多大な貢献をしてきました。その結果として、実際に自然エネルギーの生産コストはどんどん下がってきています。いまや風力や地熱発電は原子力と遜色ないレベルです。自然エネルギーは、化石燃料や原子力とは違って、まだまだコストが下がっていくエネルギーなのです。そして、コストが下がる分だけ、固定価格も引き下げられていくことになります。

第2に、自然エネルギーの支援と表裏一体をなすのが、「外部費用の内部化」です。「外部費用」とは、ある事業者の活動が第三者にもたらす不利益や損害の費用、たとえば環境破壊などを指します。「外部」とは市場の外という意味です。大気汚染をはじめとする環境破壊は、売り手と買い手の間に起こるわけではないので、これを発生させる事業者がその対価を支払うことがありません。これを市場のなかに組み込むことで、対価を支払わせるのが「外部費用の内部化」です。

具体的には、ＣＯ２（二酸化炭素）の排出に対してかける炭素税をはじめ、ＮＯｘ（窒素酸化物）、ＳＯｘ（硫黄酸化物）といった大気汚染物質の排出に対しても環境税をかける必要があります。私は３つをあわせて環境税3点セットと呼んでいます。これにより、化石燃料による発電方法は、「外部費用」を負担しなくてはならなくなります。

原子力に対しても「外部費用の内部化」をさせなくてはなりません。原発のばあいは、事故費用も含めて基本的に保険でカバーして、本来もっているリスクを「内部化」させるのです。

じつは、世界的に原子力事業者は事故を起こしたときの費用をすべては背負わなくてよいしくみになっています。アメリカでは約９０００億円、ドイツだと３０００億円の賠償措置をしておけば、それ以上の賠償額については国が面倒を見ることになっています。アメリカでは、原子力開発を始めた当初は、事故の賠償費用を事業者の無限責任として、すべて保険でまかなわせようとしたのですが、結局できませんでした。

ドイツは、形式上は事業者の無限責任となっていますが、３０００億円以上については実質国がカバーすることを明確に定めています。

　これに対して日本では、電力会社は民間保険会社との損害保険契約に加え、国との補償契約を結んで１２００億円までの賠償措置を行なっていますが、賠償額がそれを超えても電力会社側に無限責任があることになっています。その一方で、事故が「異常に巨大な天災」によって引き起こされた場合は、必要があれば国が支援するという、非常に日本的でどっちつかずの制度になっています。

　しかし、どっちつかずで犠牲になるのは、結局は国民です。電力会社は倒産するだけで国は被害者の面倒は見ない。これでは、国民は泣き寝入りするしかないわけです。結局、福島事故後は国が原子力損害賠償支援機構という救済のしくみをつくりました。

　もちろん、本来であれば、原子力発電を行なっている事業者がすべての責任を取るべきなのです。飛行機だって何だって全部保険でカバーしているわけですから、世の中の民間サービスのなかで、原子力発電だけがそれができないのは問題なのです。

　ドイツで、原発事故の損害賠償をすべて民間の保険会社が支払うということで試算してみたところ、電力会社が毎年支払わなくてはならない保険料は、１ｋＷ時あたり最低で15円、最高で８０００円だったそうです。日本政府の試算で、原子力のコストは１ｋＷ時あたり8・9円ということになっていますから、これがどれだけとてつもない金額かわかると思います。どこの国でも政府が電力会社を免責してリスクを負担するのはこのためです。

　事故が実際に起こると、除染や補償などの費用は２００兆にも３００兆にものぼります。今でさえ財政赤字が膨れ上がっている日本で、これをすべて税金でまかなっていたら国家財政がもちません。

　現在１２００億円となっている賠償措置を、せめて50兆円に引き上げてみましょう。もちろん、50兆円でも事故の賠償費用をすべてまかなうことはできません。非常に控え目な数字で、事故費用を完全に内部化したといえるほどのものではありません。それでも、これによっていくらかは原発のリスクを市場に「内部化」することはできるはずです。

　原子力発電を行なう事業者は、これほどの保険料を支払ってでも原発に固執するのか、それとも撤退するのかを突きつけられることになるでしょう。

スーパーグリッドで周波数の問題を解決

　発送電分離の説明のなかで、全国単一の送電網が自然エネルギーの飛躍的な普及のチャンスをもたらすと説明しましたが、東電の解体から始まってすべての電力会社で首尾よく発送電分離を実現し、「全国送電会社」をつくったとしても、全国送電網が機能するうえで大きな障害となるのが、**電力の周波数の問題**です。西日本60ヘルツ、東日本50ヘルツと、周波数が異なります。そのため、東西間で融通できる電力量はわずか１００万ｋＷと極めて少量であることが、福島原発事故以来、はっきりしました。

解決の方法は2つあります。

1つ目は、段階的に周波数を切り替えることで全国的に周波数を統一する方法。周波数を段階的に切り替えることは、技術的には難しいことではありません。家庭で使っている電化製品で周波数の違いが問題になるものは、今はほとんどありません。問題は工場などの大口顧客で、たとえば各変電所のゾーンごとに、期日を決めて切り替えていく必要があります。１９７０年代、施政権が日本に返還された後の沖縄で、自動車の交通が右側通行から左側通行に変わったときと同じです。ただ、これを全国で完了するには10年くらいはかかるかもしれません。

2つ目は、周波数の違いは放置して、直流送電によって東西の接続を太くする方法。こちらであれば、2~3年で可能です。具体的には、大容量の海中ケーブルのネットワークによって、東西の大きな発電所と大需要地を直接、結んでしまうのです。これを直流送電線網(ＨＶＤＣ)、「スーパーグリッド」といいます。

送電は現在、交流によって行なわれています。交流のほうが変圧が容易で、複雑に枝分かれした送電ネットワークに向いているなどの理由があります。しかし、遠距離への送電には送電線がシンプルな直流が向いているため、長距離大電力送電には直流が用いられています。すでに日本でも、北海道と東北を海底ケーブルで結ぶ北本連系線(北海道・本州間連系設備)や阿南紀北直流幹線などがあります。

こうした海底の直流送電線網で全国をつなぐべきだというのが私の考えです(表紙裏の図参照)。すでに通信分野では海底ケーブルはさかんに行なわれており、ヨーロッパでは送電ケーブルも海底を通すようになっています。用地買収などの必要がないため、お金も時間もかかりません。スウェーデンでは、すでに高圧直流送電線が国を背骨のように貫き、海で隔てられた他国とも結ばれています。

西日本（あるいは東日本）の発電所と東日本（西日本）の大需要地を直接、海底ケーブルで結び、配電をする段階で50ヘルツ（60ヘルツ）の交流に変換する。直流には周波数の問題はないので、これなら周波数の違いは放置したままで全国的な送電ネットワークをつくることができます。

ただ、北本連系線は容量が60万ｋＷですが、世界ではすでに1本で１００万ｋＷが普通になっています。この10数年で世界の送電ケーブルの技術は飛躍的に進歩しており、日本の技術レベルは遅れているのです。１本１００万ｋＷの送電線５本を単位とすれば、現在の北本線の60万ｋＷに対して５００万ｋＷという大容量の送電が可能です。

送電ロスも、３０００kmで３％くらいしかありません。札幌から東京までの距離が１０００km程度ですから、ほとんど無視していいレベルです。送電ロスを減らすためとして超伝導送電という技術を鳴り物入りで開発していますが、そんなものの完成を待たずとも、普通の常温の直流送電でもここまで可能なのです。ただし問題は銅。ケーブルは銅を使うので、銅資源争奪になるでしょう。

さて、大容量で送電ロスも少ない最新の高圧直流送電ケーブルで全国を結べば、福島事故以来問題になってきた電力融通の制約はほとんどなくなります。まるですぐ隣に発電所があるようなものです。これは自然エネルギー導入にとっても大きなチャンスです。北海道、東北には風力発電の潜在的なポテンシャルは非常に大きいのですが、これらの地域ではこれに見合うだけの電力需要がなかったからです。海底を走る「スーパーグリッド」で結ばれた全国送電網（ナショナルグリッド）が実現すれば、これらの地域に大々的に風力発電を導入し、東京などの大需要地に送電することが可能になります。北海道の風力だけでなく、各地域の自然環境の特性を最大限に活用することができるでしょう。

また、送電ネットワークが全国規模に拡大すれば、その分、天候などによる自然エネルギーの変動を吸収することができるようになります。狭い地域では瞬時の激しい変動となっても、全国のさまざまな地域をあわせてみればかなり平均化され、ますます、自然エネルギーの大量導入への条件が整うわけです。

ベース電源を原発から自然エネルギーへ

供給のメインとなる電源を「ベース電源」と呼んでいます。全国送電網などの条件が整えば、電力供給におけるベース電源を、現在の火力や原発から風力発電などの自然エネルギーへと転換することができるようになります。

これまで日本では、風力のように天候によって変動する電源はベースにできないとして、図⑦のようにフラット（一定）な供給が可能な原発をベースに、火力をミドルにといった、下から積み上げていく需給モデルに固執してきました。経産省やそれに追随する御用学者たちは、風力のような変動型電源では供給が不安定になるとして、それらの大規模な導入のためには、蓄電池や、ＩＴ技術によって都市全体のエネルギーや物流、交通を総合的に管理する「スマートコミュニティ」なる社会システムが必要といっています。

しかし、蓄電池は需給調整に使うにはコストがかかりすぎるし、社会インフラをすべて管理する「スマートコミュニティ」など、簡単に実現できるわけがありません。結局、困難なことをあえて提唱することで、自然エネルギーを中心とした電力供給が実現不可能だと印象づけたいのでしょう。

しかし実際には、変動型電源をベースにおいた電力市場は、スペインで現実のものになっています。スペインでは、日本のほぼ半分の1億ｋＷの電力市場に日本の10倍の２０００万ｋＷの風力発電が入っていますが、それで十分需給調整ができているのです。日本でもできないわけがありません。

変動型電源をベース電源に、というと意外に聞こえるかもしれません。自然エネルギーのデメリットとして必ずあげられる理由が、「天候などによって変動がある」ということです。それに対して、原発は安定供給できるからベースになるのだと御用学者たちは宣伝してきました。

しかし、これはまったくのミスリードなのです。よく考えてみてください。変動するのは供給だけでなく、需要も同じです。1日の間にも、また季節によっても変動しています。

原子力発電が安定して電力を供給できるということは、逆にいえばこうした需要の変動に対応できないということでもあります。結局、上下する需要は、変動に即応して供給を伸び縮みさせることができるほかの電源で埋めなくてはなりません。このよ

図⑥　スペインの2008年4月13日～19日の供給電源の内訳

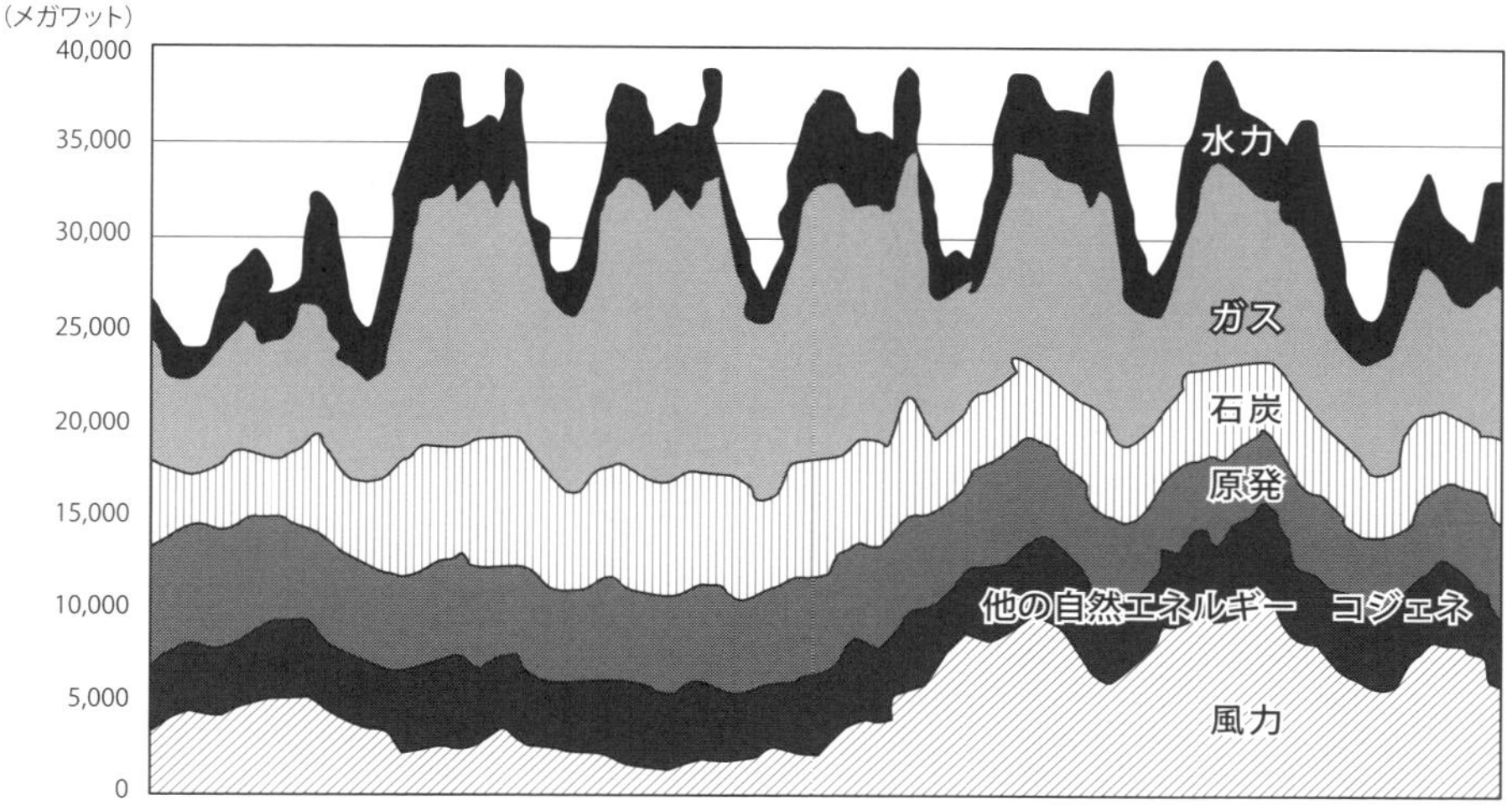

Red Electrica International 資料をもとに山下紀明が作成

うにベース電源と需要の間を埋める電源を「ピーク電源」といいます。スペインでは、これは天然ガスと水力が担っています。

需給調整という観点から見れば、ベース電源が常にフラットかどうかは何の意味もありません。図⑥はスペインの実際の供給グラフです。図⑦と違って変動する自然エネルギーをベース電源とし、変動への対応が可能な水力やガスをピーク電源として組み合わせることで、電源の変化に対応した供給を行なうことはできるのです。

風力などの自然エネルギーを変動するベース電源

図⑦　日本の電力会社が想定している電力モデル

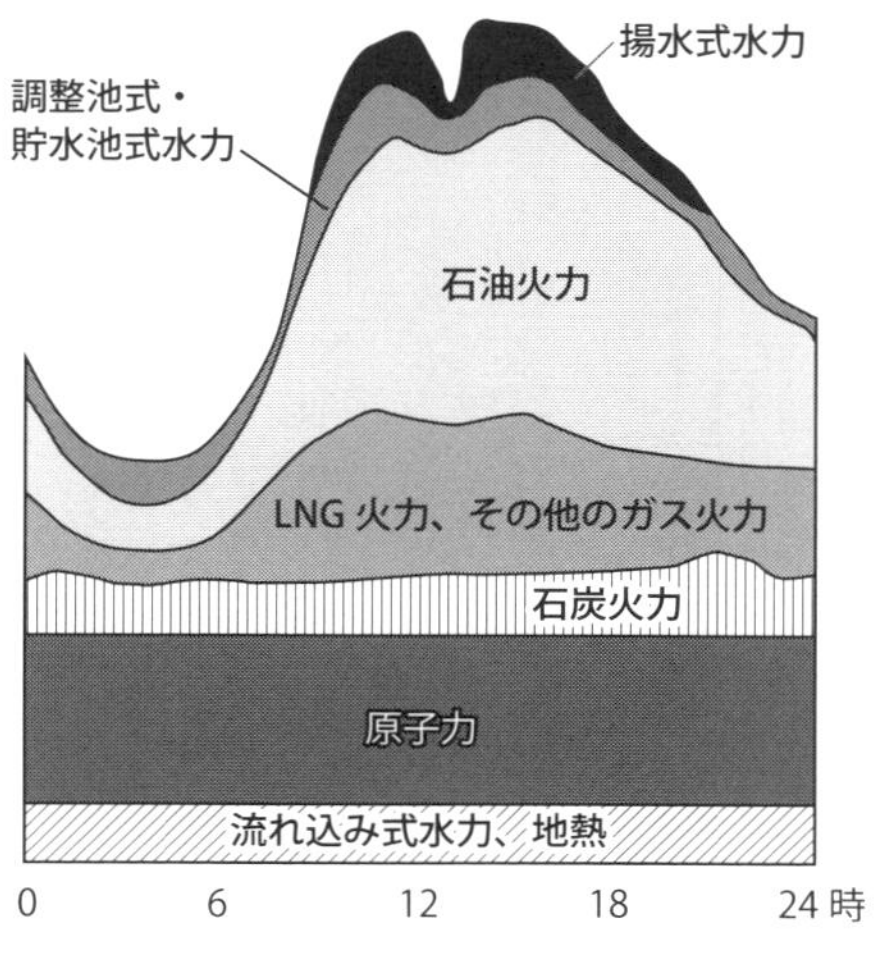

出典：電気事業連合会「INFOBASE 2011」

として、ピーク電源については、当面は天然ガスや水力をあてる。これが、今後の電力供給のあり方だと私は考えています。

電力市場改革から自然エネルギー社会実現へという道筋で改革を進めることによって、エネルギーはこれまでの「中央集中・トップダウン・ヒエラルキー的」あり方から、「地域分散・ネットワーク・小規模分散」へと転換していくことになります。そのなかで自治体は、分散型の発電を推進する地域のオーナーシップを優遇する政策を行なう必要があります。これによって風力発電・太陽光、あるいはバイオマスや天然ガスによるコジェネレーションを地域で普及し、電力と熱を賢く使うシステムをつくることができるでしょう。こうした地域で生産される電力を結んでいくのが単一の全国送電網（日本送電会社）の役割になります。

もちろん、これはまだ、未来の自然エネルギー社会に向かう「第一歩」に過ぎません。しかしそれは、技術的には今すぐにでも可能な一歩なのです。

電力独占体制は戦後最大の「伏魔殿」

ここまで、自然エネルギー社会実現に向けて行なわれるべき改革を紹介してきました。そのなかには、すでに欧米では現実のものとなって久しい内容が多く含まれています。自然エネルギーの導入や電力自由化において、日本は世界の流れに大きく立ち遅れているのです。それどころか、福島原発事故から1年以上が経った現在でさえ、原発中心のエネルギー政策に固執する古い考えが、政官財界に根を張っています。

日本の電力システムの問題とは、実はそのベースとなっている社会、政治、産業構造の問題に直結していて、むしろ、それこそが問題の核心だといっても過言ではありません。

電力会社は、地域独占の力を背景に政治に大きな影響力を行使してきました。自民党には族議員を通じて、野党には労働組合を通じて。地域でも県知事、県議会、市長、市議会、市町村議会、市町村長にも非常に大きな影響力を行使してきました。

そこでは「総括原価方式」というものが大きな役割を果たしてきました。投資額の大きさに比例して電力会社の利益が積み上げられるこの方式の下、彼らは非常に高い価格で巨大プラントを買い、発電所を建設することができました（23ページ参照）。

このうまみを求めて、重厚長大産業が電力会社をハブ（中核）として結合していきます。プラント建設だけではありません。燃料も、いくら高く買っても赤字の心配をする必要がないので、燃料輸入を通じて商社もうまみにありつく。銀行と証券会社は、電力債や巨額の融資というかたちでこれらの結合に横串を通しています。経産省を筆頭に財務省から警察庁まで含む全省庁が、この構造に天下りを押し付けています。さらにはメディアと御用学者も利益を得ているのです。

　こうして電力独占体制は、戦後日本のシステム（国家資本主義と日本株式会社の結合体）の根幹をなしてきました。電力独占体制こそは、戦後日本の最大の伏魔殿なのです。経団連の米倉弘昌会長が福島原発事故以降、原発と東電を擁護する発言を繰り返していますが、彼が守ろうとしているのはこうしたありようです。

図⑧　東京電力の収益構造

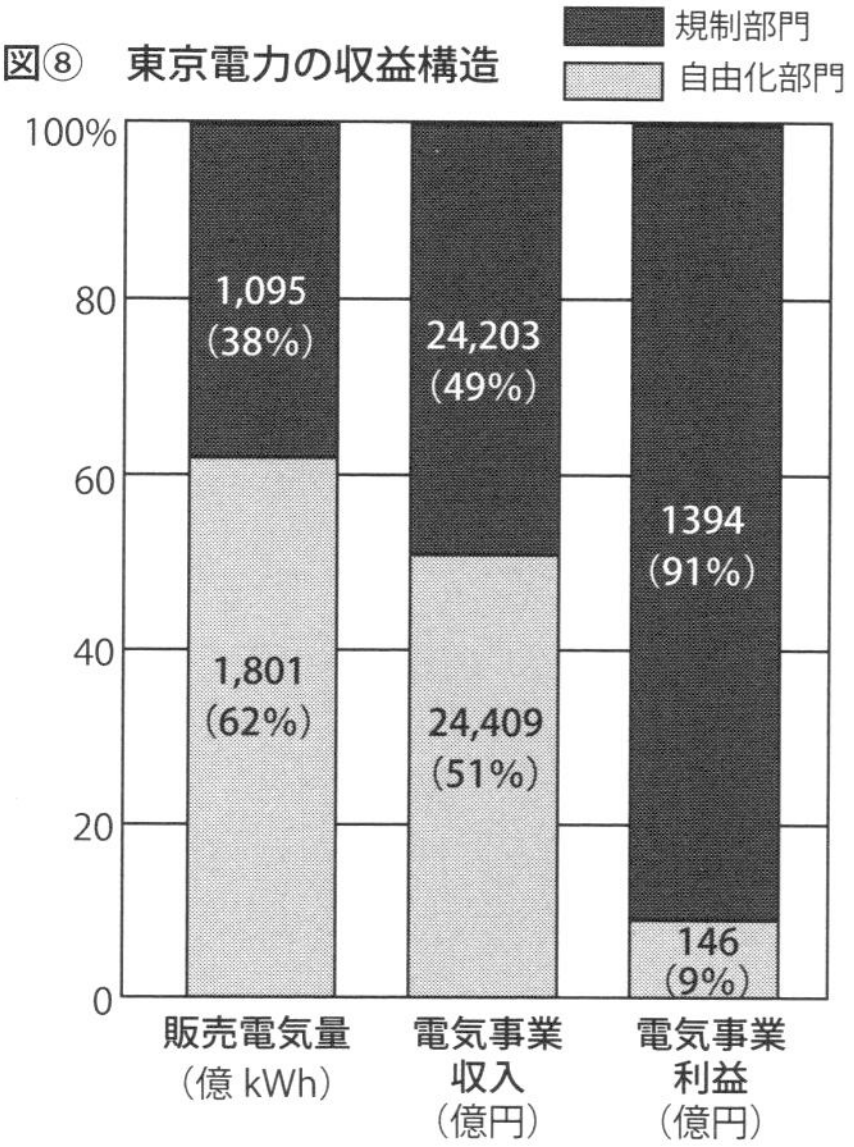

注:数字は2006～10年度の5年間の平均　出典:資源エネルギー庁資料

　この体制の歪みは、収益の構造にも表れています。図⑧を見てください。電力会社の収益の９割は家庭向け（規制部門）で得ています。しかし電力の販売量では、家庭向けは４割に満たないのです。

　企業向けなどの大口契約（自由化部門）は、販売量で見ると全体の６割を占めています。ところが、そこから電力会社が得ている利益で見ると、１割に過ぎません。

　大口契約は自由化された市場においてＰＰＳとの自由競争で価格が決められています。このグラフにあらわれている数字は、電力会社が大口向けの競争市場で利益を薄くして値下げ競争に勝って顧客を確保する一方で、家庭向けの独占市場で電気を高く売ることでそれを補てんしているのではないかという疑いを抱かせるものです。それは、クロスサブシディ（内部補てん）といって、企業会計では本来、絶対にやってはいけないことのはずなのです。

これは、独占市場で高い電気料金を支払う家庭にとってもアンフェアな話ですが、大口向けの市場で電力会社と競争するＰＰＳにとってもアンフェアです。ＰＰＳは送電線を使うために割高な託送料を支払っていることを考えればなおさらです。

電力小売供給の部分的自由化は２００１年に始まりましたが、看板に偽りありで、大口需要者にとって非常にアンフェアなうまみが生じるように制度設計されているのです。

改革チームをつくって行政に送り込む

こうした根深い問題をはらむ電力システムを改革するには、さまざまな法改正と行政システム自体の改革が必要となってくることは、容易に想像がつきます。どうすればそれができるのでしょうか。

いちばん重要なのは、政策を立案し、実行していくチームを入れ替えることだと思っています。民主党政権の発足は、これまでの経産省主導のやり方を変えるチャンスでした。しかし民主党のなかにも「電力のお友だち」がいっぱいいるので、結局、経産省をはじめとする原子力ムラの人事には、指一本触れられませんでした。むしろ、経産省の改革派官僚であった古賀茂明さんのほうが、追放されたほどです。

その結果、経産省は息を吹き返して、原発重視政策を継続しました。それどころか民主党政権は、福島事故という破局に至ってもなお、経産省でも保安院でも原子力委員会でも、１人の官僚も入れ替えることができていません。

官僚が退場する代わりに、むしろ「政治主導」のほうがどんどん後退しています。事故直後に菅政権が宣言していた「脱原発」は「脱原発依存」になり、ついには２０１２年４月、枝野幸男経産相が原発を「引き続き重要電源として活用する」とまでいってしまいました。結局、彼は経産省の振付けで踊らされているのです。

外から大臣としてやってくる政治家と違って、官僚はその仕事を長い間やっているわけです。官僚チームに大臣の意向に従うつもりがなければ、どんな「宣言」やルールをつくっても、そこに細かい修正を加えていって、あっという間にひっくり返されてしまうわけです。

だから、改革を行なうには政策を立案・実行するチームを入れ替える必要があるのです。ポジティブで前向きなチームをつくって実行部隊に据えることが非常に重要です。

政策というのは、政治家が1〜2枚の紙に書くだけでできるものではありません。1つの政策は、膨大な体系のなかで位置づけられ機能します。体系の中で1つの政策を細部にわたって交渉して詰めていかなくてはなりません。今の経産省の役人にこの作業を指示して丸投げしても、「そんなの知ったこっちゃない」と放棄されておしまいです。

使命感をもって問題解決に取り組むチームをつくって、官僚を取り込みしっかりとした理念の下に動かせば、彼らも変わってくるのです。たしかに悪いことを考える役人が1割くらいいるかもしれませんが、志がある人も1割はいて、残りの8割は、粛々と自分の仕事をこなす人たちです。この人たちをきちんとリードできれば、問題は解決されていきます。

改革をやれという政権があり、その分野に精通した大臣が適切な専門家を選んで補佐するチームをつくる。やり方を心得たチームをつくることさえできれば、経産省どころか、財務省を押さえることだって可能なはずなのです。

環境エネルギー庁の設立が必要

電力システムの改革と自然エネルギーの導入を進めていくために、新たに2つの組織を立ち上げるべきだと私は思っています。

1つ目は、アメリカの「公益事業規制委員会」のように事後規制を行なう委員会です。

電力市場を完全に自由化していくうえでは、事前規制・裁量型の行政から事後規制型へと転換する必要があります。自動車の運転でいえば、「ここを走っていいですか」と走るたびに尋ねるのが事前規制で、明示してあるルールを破らなければ、走るのはどこでも自由、そのかわり違反したら捕まえるよというのが事後規制型行政といえるでしょう。これは、橋本政権以降の行政改革のなかで追求されてきたテーマですが、それを電力行政においても行なうことが必要です。自由化された電力市場においてこの事後規制を担うのが、「公益事業規制委員会」のような組織です。

2つ目は、「環境エネルギー庁」といった、自然エネルギー政策を進める省庁を発足させなくてはなりません。

環境エネルギー庁には、志と専門性を備えた人が配置されて、10年くらいは1つの仕事に専念できるようでなくてはならないと思います。現状では各省庁では2年くらいでどんどん人事がローテーションしています。これでは熟練というものはありえない。いい換えると、どんなセクションでも2年ごとに責任者が素人に変わってしまう。こんなことでは結果が出せるわけがありません。これは地方自治体でも同じです。

環境エネルギー庁は、こんなことではいけません。ドイツやスウェーデンの役人は、10年以上は同じポジションにいます。自然エネルギー分野というのは、どんどん進化していきますから、新しい知識と過去のことをともに知って全体像を頭に入れていないと、新しい政策を打ち出すことはできません。専門性を備えた人が、事実と知識と研究に基づく政策を進めていく必要があります。

そもそも、霞が関の縦割り行政が不動の前提となっているのがおかしいのです。昔の陸海軍のように、省庁がそれぞれ独立した意思をもっている、こうした体制を打破しなくてはならないのです。

政治的意思をもつのは、あくまで国民に付託された政権です。省庁は、政権に指示された政策を粛々と実行するのが本来のあり方でしょう。政権によるガバナンスが省庁に対してしっかりと貫かれなくてはならない。そういう意味では官僚の人事、いわゆる公務員改革が非常に重要だと考えます。

電力システムは、日本が戦後つくってきた国家資本主義システムのど真ん中にある「伏魔殿」だと形容しました。電力市場改革は、この伏魔殿に挑戦することになるわけで、非常に困難なことではないかとお考えの人も多いかもしれません。

しかし、この伏魔殿を支えているのは過去の産物であり、さびついた鉄骨であり、ロストワールドのティラノザウルスのような思考停止にすぎません。要するに、何も考えていないのです。確かにこれと正面からガチンコでぶつかるのは大変ですが、知恵とスピードを生かして出し抜いていくことができれば、決して恐れるに足りません。しかも世界は日本を置き去りにして猛烈な勢いで自然エネルギーと電力自由化に向かって動いているのです。知恵とスピード、そしてこれを支える世論があれば、改革は可能なのです。

電力会社の支配体制を生み出した総括原価方式

総括原価方式のしくみ

総括原価方式という言葉をご存知でしょうか。

通常の企業は利益を上げるため、売上に対する経費の比率を一生懸命少なくしようと努力します。いわゆる経費節減努力です。ところが電力会社はそうではありません。**電気事業法により、経費の合計である総括原価に3%の利益率を上乗せした額を料金として設定できることになっています。**そして、地域独占が認められている電力会社は、競争にさらされることなく、この３％を確実に得ることができます。これが総括原価方式です。もともと経済成長に不可欠なエネルギー供給の安定と拡大のために導入されたしくみでした。

たとえば、総括原価が１００円かかったなら電気料金は１０３円になり、電力会社の利益は３円に、５００円かかったなら料金は５１５円となり、利益は15円になります。原価が大きい方が利益も大きくなるわけです。したがって電力会社は経費節減の努力など行ないません。むしろお金のかかるもの、割高なものを選択するほど利益が大きくなる、つまり「儲かる」のですから、どんどん経費を大きくしていくことになります。

その最たるものが原子力発電所です。建設費だけで1基５０００億円ですが、これとは別に多額の地元対策費がかかっています。原発が夜間につくりすぎてしまった電力を捨てるための「揚水発電所」の建設費用に1基２０００億円。加えて再処理工場に2兆円を投じています。

建設費だけではありません。原材料の調達についても、安く抑えるという発想が電力会社にはなく、原発の燃料の原料ウランを10年先まで買い付けています。火力発電用の石油や天然ガスも、世界一高い価格で買っています。また、独占企業で競争がないのに、多額の広告費も使っています。総括原価には、これらすべてが算入されているのです。

地域の経済も「電力会社依存症」に

無尽蔵にお金が出てくる打出の小槌みたいなものを持っている電力会社は、ものを売る側からみれば素晴らしいお客さんです。ご機嫌を損ねなければ、何でも高く買ってくれるのです。こうして中央の経済も、地

コラム１

域の経済も「電力会社依存症」になっていきました。

直接品物を納める機器メーカーや土木建設だけでなく、末端のクリーニング屋さんや居酒屋さんまで仕事が流れる運命共同体です。さらに広告代理店やマスコミ、そしてそれら業界の支援や、労働組合の支援を受ける政治家。天下りしたい官僚、関連研究を名目に研究費がほしい大学や研究者など、多くの人が、これにしがみついていれば日本経済は安泰と錯覚してしまいました。

しかし、実際には、このしくみが残したものは、処理方法の見つからない高レベル放射性廃棄物と、すべての原発をいっせいに廃炉にし、核燃サイクルから撤退しようとする際に顕在化する何兆円にも及ぶ借入金でした。積み上げた数字がどれほどになるのか、いまだに明らかにされていません。その額は、日本を倒産させるに十分な規模になるかもしれないのです。つまり、これが、電気が十分に余っていても「再稼働」に走る政府、経済界の真意ではないでしょうか？

しかし、いくら原発からの撤退を先延ばししても、この隠された損金が減るわけではありません。放射性廃棄物が増え続け、老朽原発も次々と廃炉の時期を迎えます。もちろん大事故のリスクも消えてはくれません。損失額は、先延ばしすればするほど増えていくことでしょう。早く損失を明らかにし、終止符を打たないといけないのです。

発送電分離で総括原価方式はなくせる

発送電分離が実現すれば、送電会社は自由化された発電会社に対して中立の立場をとる組織となるので、送電にかかる「託送料金」は、発電の原価と関係なく、公表された送電原価をもとに適正に決められます。

発電会社は、この託送料金を送電会社に支払ったうえで、消費者に直接電気を売る配電会社に電気を買ってもらわないといけません。電気を仕入れる側にとっては当然「安い方」や、お客様に人気の高い「高品質の方」が良いということになります。地域独占と国の支援と総括原価方式というゲタをはかせていた原発のコストには、放射性廃棄物処分や廃炉費用、事故対策費などが重くのしかかってきます。原発の「高い」電気の買い手はいなくなることでしょう。

総括原価方式は「電力の安定供給」という義務とひきかえに与えられているものなので、その義務がなくなった発電会社に適用されることも制度上なくなります。発送電分離が進んでいけば、このしくみはやがて消滅することになるでしょう。

（竹村英明）

第2章　欧州の発送電分離のしくみ

山下紀明（環境エネルギー政策研究所主任研究員）

発電・送電・配電のしくみ

欧州の電力システムでも、かつては日本と同じように地域独占や垂直統合が行なわれていました。**「垂直統合」とは、発電・送電・配電・小売という電力を供給するための機能を1つの電力会社が持つこと**です。電力のような公益的な事業は自由競争になじまないとされ、法律で独占が認められていました。また電力事業は大規模なインフラ事業でもあり、発電所や送電網が大規模であればあるほどコストが低く抑えられるため、結果として少数の事業者に統合され自然に独占状態になった国もあります。

しかし1990年ごろから、欧州において電力自由化と発送電分離を軸とした電力システムの変革が始まりました。発送電分離を知るために、発電・送電・配電・小売の機能を整理しておきましょう。

「発電」とは、いうまでもなく電気をつくること。自然エネルギーや火力、原子力と方法はさまざまです。

「送電」とは、発電所から需要地の近くの変電所まで電気を送ることです。

「配電」とは、変電所で受け取った電力を、その地域の家庭や工場などの消費者（「需要家」といいます）に届けることです。

送電や配電部門では、送電網や配電網というインフラを整備するだけではなく、**常に需要と供給を見ながら電力システム全体の監視を行ない、電圧や周波数を調整しています。これを「系統運用」と呼びます。**電力システムのなかでも非常に重要な役割です。
「小売」は、家庭や工場に電気を販売することで、電気を物理的に届ける配電とは分けて考えられます。日本では、これまで一般家庭向けには発電・送電・配電・小売が一体となった垂直統合型だったので、配電と小売の違いがわかりにくいかもしれません。

たとえば、雑誌を定期購読して毎月家に届けてもらうとします。本を売ること（小売）と実際に本を届けること（電力では配電）を、両方とも書店が行なうばあいもあれば、配達は運送会社に委託するばあいもあるでしょう。

このように電気の配電と小売は異なるもので、欧州では電力の小売会社がたくさん存在します。小売会社のなかには自前の発電所を持たずに、自家発電の所有者や電力取引所から買って、消費者に供給する事業者もあります。もっぱら安さを追求したり、自然エネルギー１００％の電気を小売する営業方針を掲げたりと、それぞれに独自性を打ち出して競争しています。

さて、欧州では電力自由化によって地域独占の規定をなくし、発電部門と小売部門に競争原理を導入し、発送電分離によって送電部門が中立の主体によって公平・公正に運用されることをめざしました。自由化された発電部門と小売部門とを物理的につなぐ役割を送電部門が担うよう定めています。

発送電分離にはいくつかの段階があり、期待される効果も異なります。電力システムの改革は自然エネルギー促進や脱原発とも関係します。欧州の事例から、日本が発送電分離を実現するためのポイントをみていきましょう。

発送電分離の4段階

電力システム改革の鍵となるのは、送電網の公正な運用です。そのためには発電部門、送電部門、小売部門をすべて持つ垂直統合型の独占的企業を分割し、送電部門を切り離すことが有効と考えられます。

通常は図①のように、**「会計分離」「法的分離」「機能分離」「所有権分離」**の4段階があります。この4段階を進むにつれ、垂直統合型の電力会社の送電部門への影響力が弱められ、送電部門の中立性が高まります。送電会社と発電会社が別であれば、特定の発電会社や小売会社を優遇する理由がなくなりますし、すべての発電会社や、大口需要家のために送

図①　発送電分離の４段階

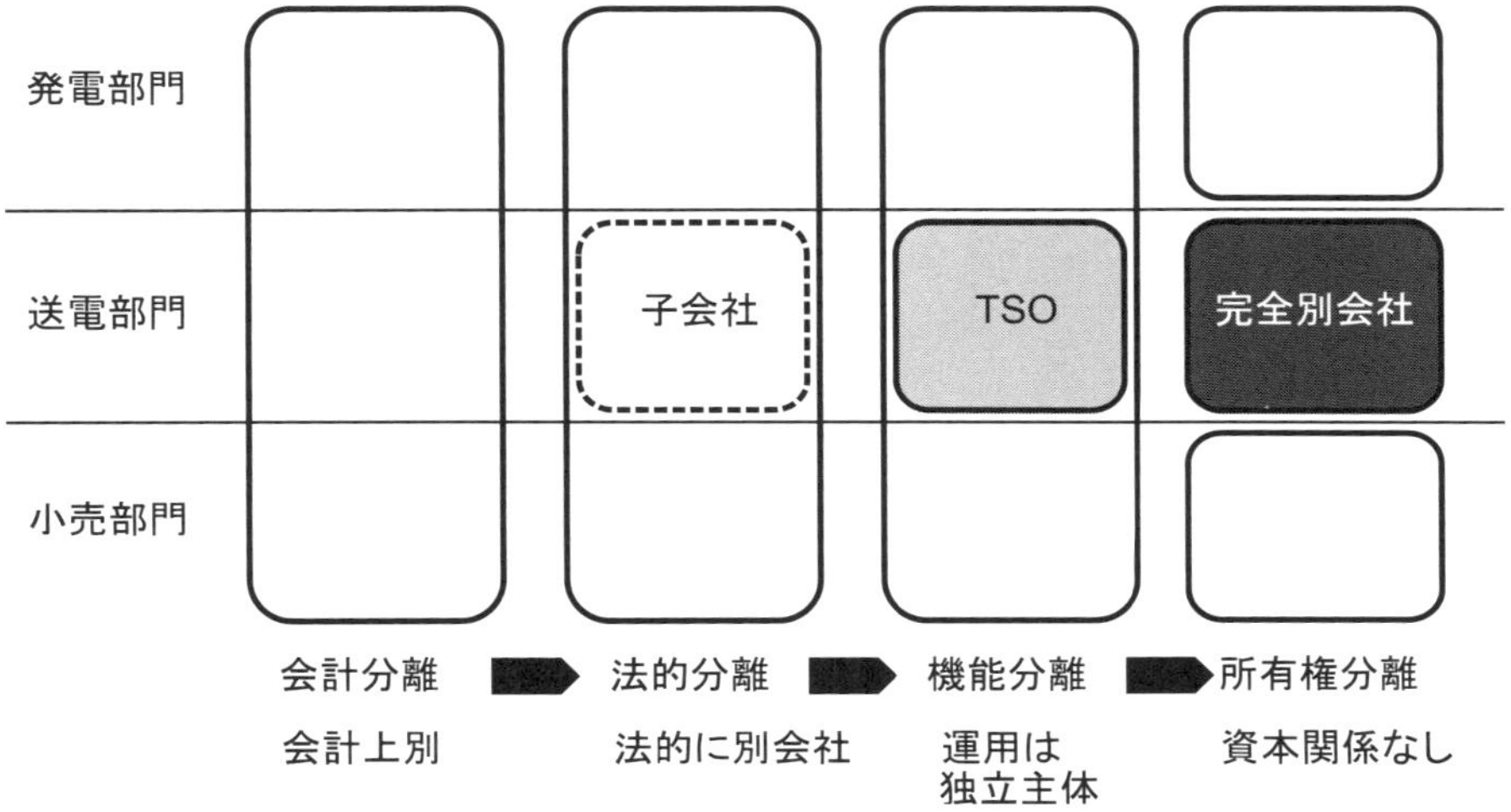

出典：高橋洋『電力自由化』図版をもとに筆者作成

電システムを運用するようになるでしょう。

第1段階は「会計分離」です。

ここでは垂直統合型という企業の構造は変わりませんが、**企業のなかの発電部門と送電部門で会計を別々に行なわせます。**これは送電網の利用料である託送料金の算定などをある程度透明化できるという効果があります。

第2段階の「法的分離」は、**発電部門と送電部門を法的に別会社とするものです。**共通の持株会社が両部門を所有することはできますが、法的には別会社になりますから、送電会社がすべての発電会社を公平に扱うことが期待されます。それでも関連グループのままですので、価格面の条件や情報の扱いにおいて優遇するおそれが残ります。また競合他社や自然エネルギー導入のための送電網整備などが後回しにされる可能性もあります。

第3段階は「機能分離」です。

送電網は垂直統合型の電力会社が所有していますが、運用は独立の主体に任せます。この主体は欧州ではおもにＴＳＯ（送電系統運用機関）とよばれます。発電設備と送電設備の所有者は同じですが、送電網への接続や系統運用の権限を持った主体が独立しているため、公正で透明な運用が見込めます。

第４段階が「所有権分離」です。送電網は資本関係のない別会社（送電会社）の所有となります。このとき送電会社は送電網のみをもち、系統運用も行なうので、発電や小売など、他の主体との関係はもっとも公正で中立となります。

欧州各国では、発送電分離を段階的に発展させていくときに、強制ではなく、いわばアメとムチが使われました。所有権分離についても、国が強制的に民間企業を分離させた例は基本的にありません。国営企業だったばあいには民営化の際に分離を行ないます。民間企業のばあいは経営判断として分離を選択したかたちになっています。財務体質の悪化から送電網を売却することもありますし、送電部門が他の発電会社に差別的な扱いを行なった疑いが出た際に、行政の調査を打ち切るかわりに送電網を売却させたというケースもあります。

発送電分離と自然エネルギーの促進

自然エネルギーの促進にとって、送電網が公正に運用されていることは重要な前提条件です。なぜなら、自然エネルギー設備を建設できる自然・社会条件がそろっていたとしても、送電網につなげなければ電気を送ることができないからです（68ページ参照）。託送料が不当に高いばあいも、新規参入した独立事業者が既存の発電事業者と競争する際に不利となるでしょう。また送電網につなぐための技術的な要件が非常に厳しいこともあります。さらにそうした状況を検証するための情報公開が不十分なことも障害になります。

これらは自然エネルギーにかぎらず新規参入の発電事業者や小売事業者全般に当てはまりますが、自然エネルギー事業者は小規模な主体が多いことからより影響を受けやすくなります。こうした不透明な送電網利用のルールを公正なものに変えることが、発送電分離の大きな目的の１つなのです。

それでは、発送電分離が進めば自動的に自然エネルギーが普及するのでしょうか？　欧州各国の事例を見ると、発送電分離が進んでいる国ほど自然エネルギーが普及していると単純にいい切ることはできません。自然エネルギー導入の成否にはさまざまな状況が大きく関係しているのです。しかし、適切な発送電分離が自然エネルギーの導入に重要な役割を果たすのは確かです。

まず、送電網に関するルールや情報、費用が公正・透明になります。加えて、国として自然エネルギーを推進する枠組みができれば、送電部門に対し技術的な要件の見直しや送電網の整備、適切なコスト分担を求めることもできるでしょう。

また、地域独占かつ垂直統合型の電力会社から送電部門を切り離していくつかの地域を統合し、大きな市場をつくることで、自然エネルギー導入の可能性が高まります。導入可能性が高い地域から低い地域への送電が可能になり、その分、導入可能性が高い地域でより多くの自然エネルギー導入が可能になるわけです。たとえば、北海道に風力発電所を多くつくって東京に送電できれば、北海道でより多くの風力発電を導入できるようになるでしょう。

さらに、地域的な広がりによって、変動する発電量を全体としてならす効果が見込めます。ご存知のように、太陽光や風力発電は、天候によって発電量が大きく左右されます。しかし広い地域に数多くの自然エネルギーが導入されると、同じ時間に太陽が照っている場所と照っていない場所、風が吹いている場所と吹いていない場所が出るため、全体の発電量の変動がなだらかになるのです。そのため、地域が広い方が安定化につながります。この効果を「平滑化効果」といいます。

このように、発送電分離によって、送電網の適切な運用が実現することは、自然エネルギー促進の重要な前提なのです。

欧州での電力自由化と発送電分離のあゆみ

欧州でもっとも早く電力自由化と発送電分離に進んだのはイギリスでした。１９８０年代のサッチャー政権誕生以降、新自由主義が広まり、さまざまな国営企業の民営化や独占市場の開放が進むなか、90年に国営の中央電力公社が３つの発電会社と送電会社とに分けられて民営化されました。その後にノルウェーなどが続きます。

欧州における電力自由化には欧州連合（ＥＵ）、とくに欧州委員会が大きな役割を果たしてきました。欧州共同体（ＥＣ）をもとにして93年に誕生したＥＵは、域内市場統合の一環として電力自由化と発送電分離を進めました。その背景には、フランスが電力の輸出を求める一方で、イタリアでは電力が不足していたこと、ドイツの産業界が安い電力を求めていたことなどがあるとされています。

　ＥＵの電力自由化と発送電分離の流れを具体的に見てみましょう。１９８７年から域内の単一エネルギー市場実現のための構想が進められ、96年に「欧州電力域内市場指令」(通称「ＥＵ電力自由化指令」)が成立しました。このなかで段階的に電力の市場開放を実施することが定められました。発送電分離については、垂直統合型の事業者は会計分離を行なうこと、また送電系統運用者は他の活動から経営的に独立することが求められました。

　２００３年の改正ＥＵ電力自由化指令によって、自由化と発送電分離がさらに進められます。小売部門では、04年までに家庭部門以外の自由化を行ない、07年までには全面自由化を行なうことが決定しました。発送電分離については法的分離までは義務づけましたが、所有権の分離までは求めないことが明記されていました。法的分離は旧加盟国15ヵ国で２００４年７月までに実施されました。一方で独立規制機関の設置も定められました。

　２００９年に第三次電力自由化指令が出され、ＥＵ加盟国の多くで送電部門の所有権分離が進められます。第３次案の策定の際に、法的分離では垂直統合型企業に属する系統運用者が自社グループの発電事業者を優遇する可能性があることや、自社グループに有利な情報を漏らす疑いがあること、新規参入者や自然エネルギー導入のための送電網整備のインセンティブが欠如していることなどが指摘されていました。これらの問題を解決するため、系統運用者と、発電事業者や小売事業者との資本関係を絶つことが望ましいとして所有権分離が提案されました。

　こうしたＥＵの政策が各国の電力システム変革を促し、電力市場の国際化が大きく進みました。今では電力市場は各国間で連系しており、取引市場を通じて電力の輸出入が常に行なわれています（表紙裏の図参照）。国外資本の発電事業者や送電事業者もまったく珍しくありません。

　電力システム改革で先行したイギリスでは、発電部門にフランス、ドイツ、スペイン資本の事業者が進出しています。スウェーデンの国営電力会社バッテンフォールはドイツ北部に進出し、ドイツの大手４社の一角を占めています。その送電部門は２０１０年にベルギー資本の「50ヘルツ」が買い取りました。ただし欧州でも安全保障の観点から、ＥＵ域外の外資に対しては送電会社への一定の参入規制をかけています。

「電力取引所」と電力選択の多様化

欧州には電力取引所というしくみがあります。電力自由化の促進には電力取引所の存在も重要であり、ＥＵでもその活性化が検討されていました。電力取引所では、電気を売りたい発電事業者と、電気を買いたい電力小売事業者や大規模工場・企業が売買を行ないます。それぞれ売りたい量と買いたい量、時間帯、価格を提示しあい、売買価格が決められます。長期の先物取引や前日に取引する1時間単位でのスポット市場のほか、事業者間で個別に行なわれる長期の相対契約の仲介場所ともなります。

独占市場のもとでは、電力の取引は相対でなされ、需要者は提示される価格を受け入れるしかなく、独占的な地位にある企業が価格を決めてしまうことが多くあります。そのため、新規の発電事業者が新たに個別に顧客を獲得することは容易ではありません。しかし、取引のための市場があれば電力を売買しやすくなり、市場価格がつけられるようになっていきます。すべてが取引所取引とはならなくても、取引価格が公表されるために、市場価格は価格の目安としての影響力を持ちます。

ただし、取引市場をつくってもすぐに競争が活発になるとはかぎりません。独占的事業者は価格を引き下げたり、相対取引を続けたりして顧客を逃がさないようにするかもしれません。新規参入を促し市場が機能する適切なルールが求められます。

一般的には、電力自由化と発送電分離により競争が進むことで電気料金の低減、サービスの向上や選択肢の多様化、電力供給安定性の向上といった効果が現れることが期待されています。

しかし、欧州各国の経験から、電力自由化と発送電分離で電気料金が常に安くなるとはいえません。たとえば、デンマークやドイツ、スペインでは電気料金は安くなりませんでした。ただし化石燃料の価格が上がっていること、税金や自然エネルギー普及のための上乗せ分が増えていることを考えれば、それほど高騰しているともいえません。こうした国は競争の導入と地球環境やエネルギー安全保障とのバランスを取りながら電力政策を進めているのです。

選択肢の多様化は各国で起こっており、需要家が電力会社や電力メニューを選べるようになっています。価格や発電源、サービスの質、信頼性などが選択の基準です。ドイツでは自由化前と比べ企業の半数が新規の電力供給者と契約し、家庭の半数近くが新たなメニューや電力会社を選んでいます。既存の電力会社のなかにもメニューやサービス内容を充実させるようになったところがあります。

では、自然エネルギーを進めた北欧、ドイツ、スペインでの電力自由化と発送電分離の影響を見てみましょう。

北欧の電力自由化と「ノルドプール」

北欧ではノルウェーから電力自由化が始まり、ノルドプールという4ヵ国による電力取引所の整備に発展していきました。ノルウェーは１９９２年に国営の垂直統合型電力会社を発送電分離させ、93年には競争を促進するための取引市場としてノルドプールを整備しました。その後これにスウェーデン、フィンランド、デンマークが順次参加し、２０００年に4ヵ国の市場が統合されました。２０１０年には、北欧4ヵ国の全電力消費量の74%にあたる３０００億ｋＷｈの電力がノルドプールで取引されています。

北欧の電力産業の構造を図②に示しました。左側は発電所から顧客に届くまでの電力の流れを、右は電力がそれぞれの段階でどのように売買されているかを示しています。

電力の流れを見ると、発電部門、送電部門、配電部門で別々の事業者が顧客に電気を届けているのがわかります。取引契約の流れでは、発電会社や小売会社・大口顧客がノルドプール（電力取引所）を通して価格を決めることを示しています。電力の取引と物理的に電気を届けることは別なのです。

市場を通じて電気の価格は変動します。一般家庭の場合は小売会社と契約し、固定料金を支払うか、日々変動するスポット市場に連動した価格にするかなど、メニューを選択することができます。

北欧では所有権分離が行なわれており、送電会社がＴＳＯ（送電系統運用機関）の役割を果たしています。北欧でのＴＳＯの役割は３つあります。

１、各国１社ずつのＴＳＯが高圧送電網を所有しており、維持管理、設備投資の役割を担っています。

２、系統運用の役割で、需要の状況を予測し、系統の状況を監視するなど電力システム全体の安定に責任を持っています。

３、ノルドプール（電力取引所）と協力して市場競争を促進しています。

図②　北欧の電力産業の構造

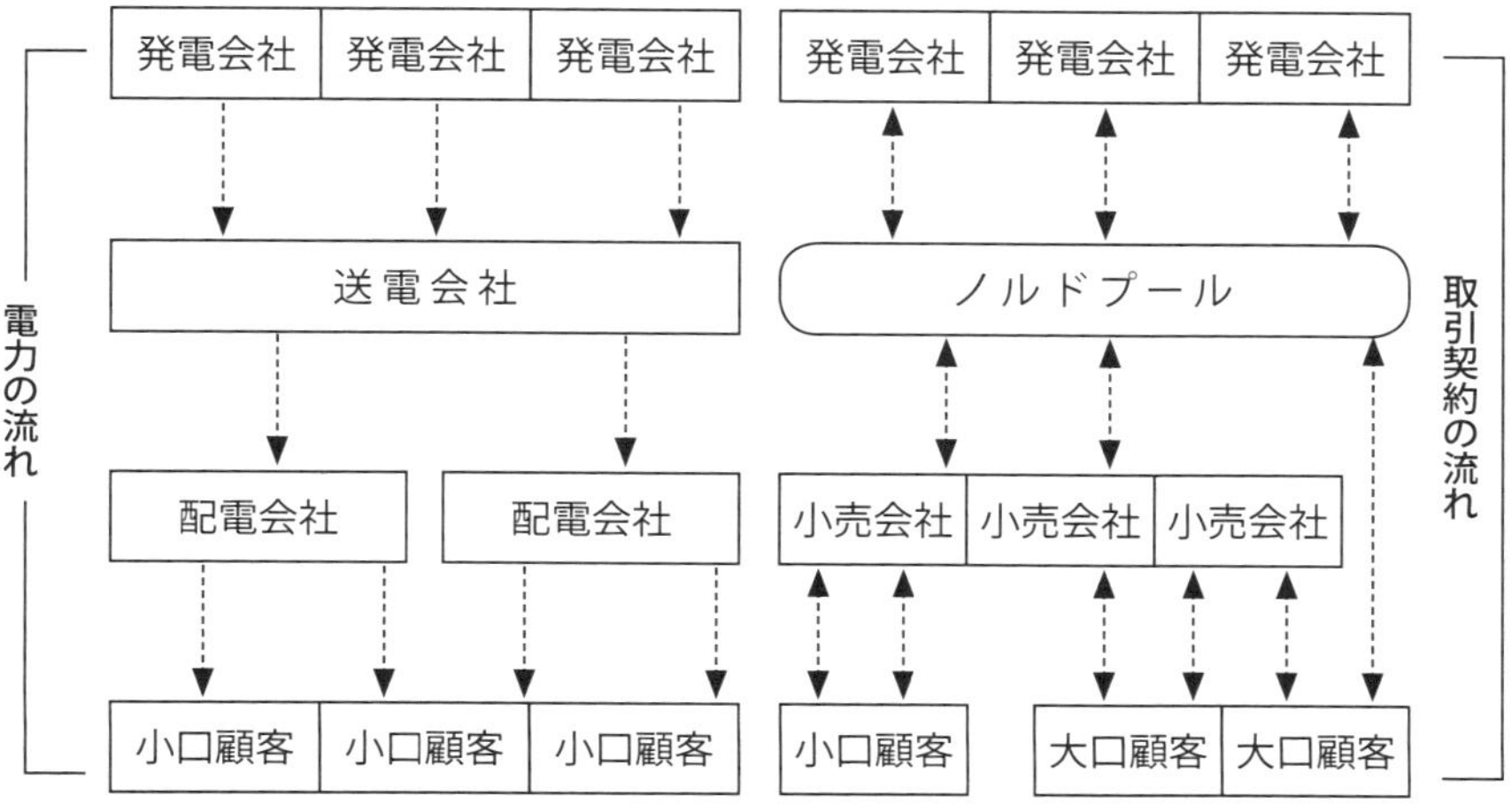

出典：高橋洋『電力自由化』

デンマークでは、民間企業が機能分離などを行なって、送電部門がすべて国営の送電網に統合されました。民間電力会社は経営状況が悪化していたため、政府が債務を肩代わりするというアメと引き換えの発送電分離でした。

電力自由化と発送電分離が自然エネルギーの普及とどう関係するかを、風車大国であるデンマークの事例で見ることができます。デンマークは九州ほどの面積に、３８０万ｋＷもの風車が設置されており、発電量の21・９％を風力でまかなっています（図③）。

この普及には、１９９３年から固定価格買取制度を始めたことに加え、風車設置のための土地利用計画や紛争解決のガイドラインなどが重要な役割を果たしてきました。これらに加えて、風力の普及を大きく後押ししたのが発送電分離と電力自由化です。その理由は２つ考えられます。

１つ目は、発送電分離によって自然エネルギー発電会社が公正に送電網を利用できるようになったからです。さらに政府は、送電会社に対して風力発電の優先的な系統への接続（優先接続）と必要な送電網の建設を義務づけました。送電会社は適切な費用

図③　デンマークの風力発電の普及状況

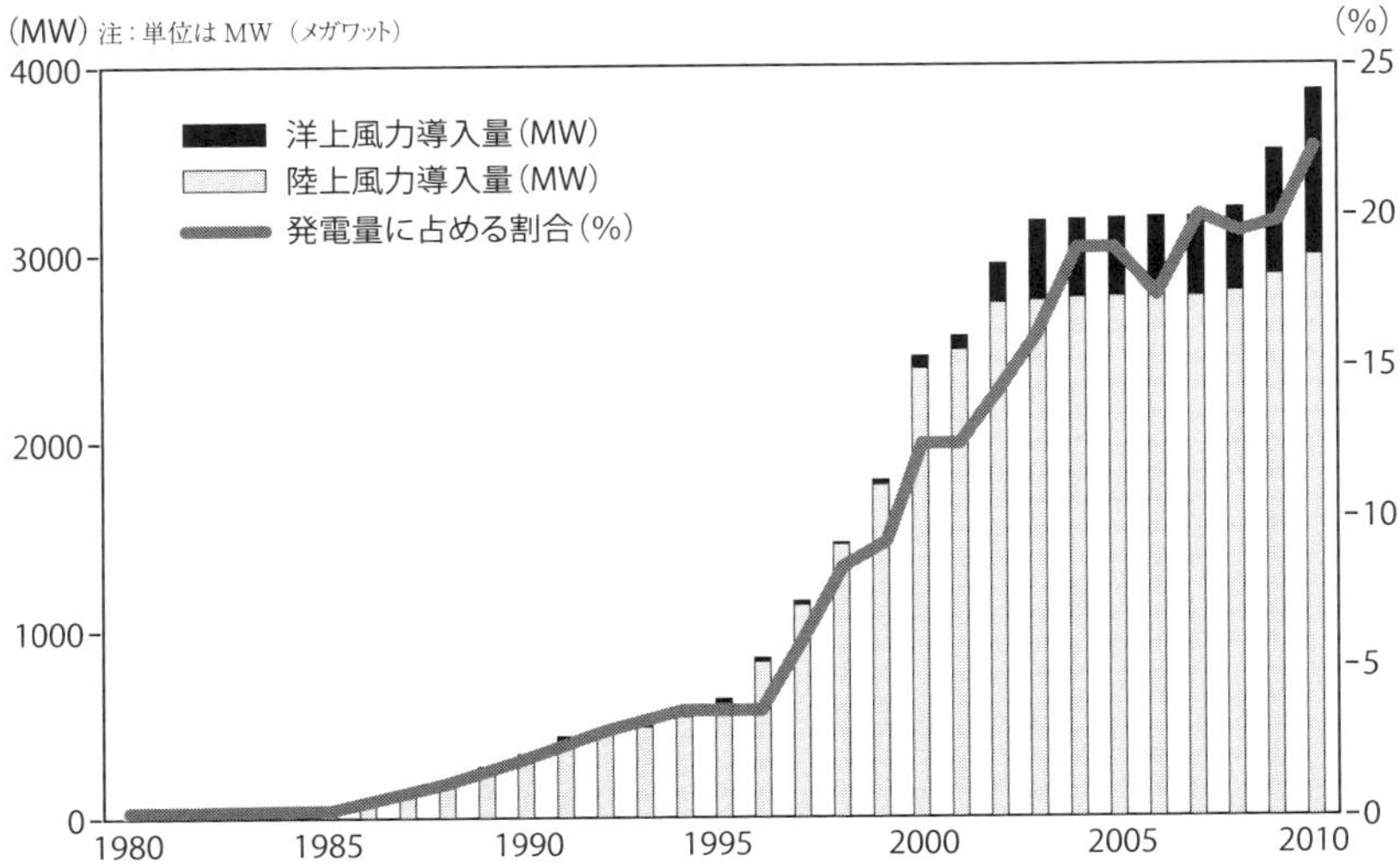

デンマーク政府エネルギー庁「Energy Statistics 2010」をもとに筆者作成

を電気料金から回収できるので、自らの負担にはなりません。

２つ目は、北欧４ヵ国が国際的な送電ネットワーク（国際連系）を持っていることによる大きな市場が自然エネルギーの導入拡大に貢献しているからです。風力や太陽光といった変動型の電源は大きな需給のなかで調整する方が電力システムの運用が容易になります。具体的にはデンマークの風力とノルウェーの水力を組み合せる、自然エネルギーとその他の電源を組み合せるなど、国際統合市場によって電力量の変動を吸収しています。

２０１０年にデンマークは発電量の32％をノルウェー、フィンランド、ドイツに輸出し、29％を輸入しています。単純に考えれば、デンマークから３％だけ輸出すればよいように見えますが、電気は需要と供給を常に合わせる必要があるため、大きな市場のなかでその時の需給に応じて調整するために輸出入をしているのです。日本でいえば、各電力会社がそれぞれに域内の需給調整をするのではなく、東日本全体や西日本全体という広い範囲で調整することに相当します。

垂直統合と地域独占を解体したドイツ

ドイツは垂直統合型の民間企業の電力システムから発送電分離を行なったという点で日本の参考になります。また、２０１２年７月から日本でも本格的に導入された固定価格買取制度（ＦＩＴ）についても、ドイツから学ぶことがあります。

自由化以前、ドイツは日本と同じく民間企業による垂直統合と地域独占の電力システムが行なわれており、垂直統合的な８つの電力会社と１０００もの地方経営の配電会社がありました。

１９９７年のＥＵ指令の後、98年に地域独占が撤廃され、発電と小売部門は自由化されました。しかし、このときは完全な発送電分離は実現しませんでした。その後、大手電力会社は競争力を保つために合併や提携を行ない、８社から４社に統合されました。規模が大きい順にエーオン（Ｅ-ＯＮ）、アール・ヴェー・エー（ＲＷＥ）、バッテンファール・ヨーロッパ、エネルギー・バーデン・ビュルテンベルク（ＥｎＢＷ）の４つです。

一方で新規参入は進まず、撤退が相次ぎました。新規参入社が送電網を利用する際に支払わなければならない託送料金が高すぎることが原因の1つでした。垂直統合型企業が送電網と発電設備を所有しており、監視する独立機関もありませんでした。その結果、託送料金が高く設定され、新規参入者は厳しい競争を強いられていました。

２００３年、改正ＥＵ電力自由化指令によって送電部門の法的分離が要求され、ＲＷＥは送電部門を別会社にしました。また、ドイツ政府は独立の規制機関である連邦ネットワーク庁を設置し、託送料金を認可制としました。

07年の指令では所有権分離が要求され、Ｅ-ＯＮがオランダの送電会社テンネットに送電会社を売却しています。10年にはバッテンファールもベルギーの送電会社50ヘルツに売却しました。ＲＷＥも送電子会社アンプリオンを11年に売却済みであり、発送電分離が進められています。

ドイツの自然エネルギー推進の状況も電力自由化と発送電分離と関係しています。法的分離や機能分離が進み、送電会社が独立的な経営を行なうことで、大型火力発電や原子力を持つ既存の大規模発電会社に対して新規参入者や自然エネルギー発電事業者が差別的に扱われる心配はなくなりました。自然エネルギー増加に対応してＴＳＯ（送電系統運用機

図④　ドイツの家庭用電気料金の内訳と推移

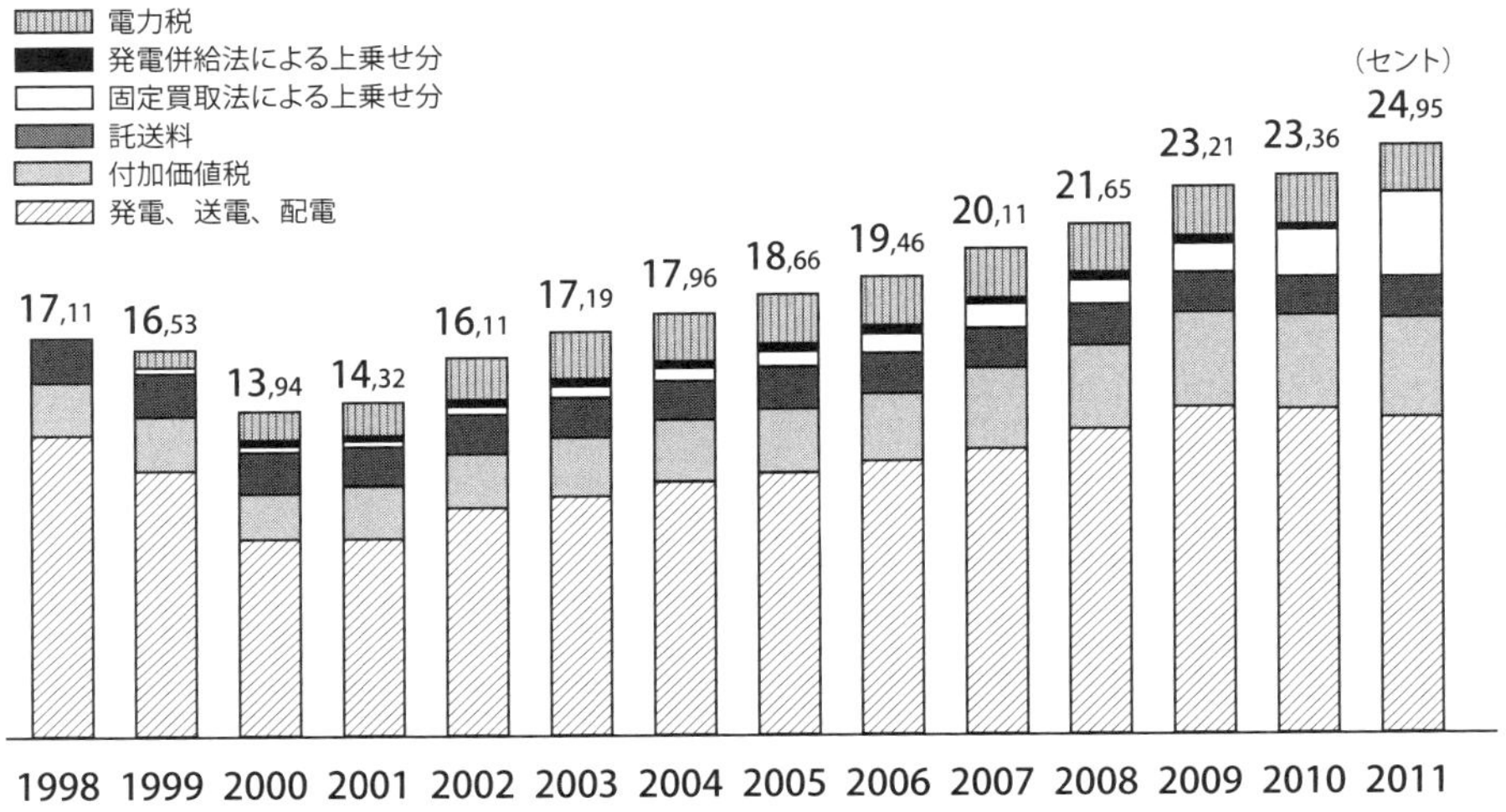

BDEW（ドイツエネルギー水道事業連盟）「Erneuerbare Energien und das EEG: Zahlen, Fakten, Grafiken（2011）」

関）が送電網を整備するための費用などは、電気料金のなかで適正に回収できますので、送電会社にとって負担はありません。またデンマークと同様に隣国との電気のやり取りを行なうことで、太陽光発電や風力発電の変動を全体で吸収しています。

電力自由化とともに自然エネルギー普及の鍵を握る固定価格買取制度の運用には、バランスが求められます。電力自由化で競争が進めば一般的には電気料金が下がることが期待されます。しかし、ドイツの家庭用電気料金は自由化後いったん下がるものの、その後上昇しています（図④）。

電気料金の上昇要因としては、固定価格買取制度の上乗せ分もありますが、発電原価自体が上がり、その他の税金も増えています。市場メカニズムを通じた競争と、自然エネルギー普及という社会がめざすものとのバランスを取ることが必要なのです。

自然エネルギーを優先させるスペイン

スペインでは、ＴＳＯ（送電系統運用機関）が自然エネルギーを含めた電力需給の調整を行なっています。

２０１１年の時点で、スペインでは風力発電が年間需要の16％をまかなっています。12年の4月には、瞬間的には風力発電からの電気が60％に達しました。こうした自然エネルギーを含めた電力システムを安定的に運用しているのが、ＴＳＯであるスペイン送電系統管理会社（ＲＥＥ）です。

ＲＥＥ社は１９９８年に電力取引所が導入されて以降、系統の技術的な運用を行ない、すべての利用者に対して公平な送電サービスを行なう義務を負っています。ＲＥＥの中立性を確保するため、政府は02年、それまで大手グループが所有していた送電線をＲＥＥに売却するよう指示しました。今では99％以上の送電網をＲＥＥが所有しています。

ＲＥＥ社の下にある自然エネルギーコントロールセンター（ＣＥＣＲＥ）は、風力を含めたすべての自然エネルギーの制御を行ない、中央給電指令所（ＣＥＣＯＥＬ）は電力全体の制御を行なっています。スペインでは自然エネルギーは最優先で供給することになっており、需要に対して供給が多くなりすぎた場合も、自然エネルギーによる発電はなるべく止めないようにしています。

17ページの図⑥は、スペインの1週間の電気の需要が、どのような電源で調整されているかを示したものです。風力発電とその他の自然エネルギーが大きな割合を占めていることがわかります。風力発電の電気は平滑化効果によって、０か１００に大きく振れることなく、なだらかな山と谷をなしています。さらに、天候を予測し、自然エネルギーの発電量を事前に高精度で推計することで、電力需給の調整を容易にしています。

ＲＥＥ社のウェブサイトでは電力需要や各電源種別の供給状況、風力発電の発電状況など電力に関する情報がリアルタイムで見られます。また２００７年以降のアーカイブも整えてあり、誰でも情報を手に入れることができます。

ドイツで経験した暮らしのなかの「電力自由化」

欧州の電力システムのありようを説明してきましたが、日本とあまりにも違うことから、今ひとつピンとこないかもしれません。そこで、ちょっと視点を変えて、電力自由化と発送電分離によって暮らしのなかの電力消費がどう変わるのか、ドイツでの私の経験を紹介しましょう。

私は２０１０年6月から11年3月まで、留学のためベルリンに滞在しました。アパートに入居して生

図⑤　自然エネルギー中心の電力小売会社を比較するドイツの「エコ電力比較ドット・コム」のトップページ

出典：http://www.oekostrom-vergleich.com/online-oekostrom-vergleich-uebersicht.php

活も落ち着いてきたころ、ごくあたりまえのように大家さんに「まだ電力会社の切替をしてなかったわね。じゃあ、どこの電力会社にするか選んでおいてね。すぐ手続きできるから」といわれました。

電力会社の選択ができることは知っていましたが、アパートの一戸であっても簡単に電気を選べるという事実にはやはり驚きました。電気を選ぶのは初めてでしたから、各電力会社がどういう電力メニューを持っているかを調べることから始めました。単に自然エネルギーの電気というだけでなく、国内の新しい風力発電なのか、国外の古いダム式の水力発電なのか、値段はどうか、追加的に自然エネルギーを増やすプログラムを持っているかなどを調べました。各社のウェブサイトには電気の内訳や電気料金の内訳も載っていて、何にどのくらいお金が使われているのかも公表していました（図⑤）。

ドイツでは１９９８年ごろからの電力自由化によって、当時８社あった大手電力会社が４社に統合されていました。ベルリンでは大手のヴァッテンファール・ヨーロッパが化石燃料や原子力を含む電気、コジェネレーション中心の電気、ノルウェーの大型水力発電など自然エネルギー１００％の電気など5種類の電力メニューを提供していました。

どれも毎月の基本料金が5～7ユーロ（約550～770円当時）、加えて従量料金が1kWhあたり20セント（約22円当時）前後という値段設定で、年間契約であれば、ボーナスとして50ユーロや80ユーロのキャッシュバックがあるメニューもありました（2012年4月時点では従量料金が24セント前後に上がっています。また、電気自動車用にデンマークの風力発電中心の電気（E-mobile Nature）というメニューもできています）。

また、大手電力会社以外に自治体や独立系の電気事業者があり、自然エネルギー由来の電力供給を専門に行なう事業者ではリヒトブリック、ナトゥアシュトローム、グリーンピース・エネルギー、EWS（エー・ヴェー・エス）シェーナウ（市民の手でつくられた電力会社。第5章参照）などが有名です。ネット上には、これらの独立系電気事業者のメニューや料金を比較できるウェブサイトもあります。比較サイトを見ると、自然エネルギー由来の電力の7割方は水力発電ですが、北欧の大規模水力によるもの、新規の小水力を主とするものなどその内実は異なります。残りの3割もバイオマスや風力、コジェネレーションなどの組み合わせがあります。もちろんCO_2排出量はゼロかごくわずかであり、核廃棄物がゼロ、ということも書かれています。

ウェブサイトを調べたり、友人に尋ねたりして、私はEWSシェーナウを選びました。EWSシェーナウの電源はノルウェーの新規開発の小水力が中心で、電気料金の一部（0・5円～2・0円／kWh）を国内の太陽光などへの投資に回す太陽光発電等促進料金プログラムも準備している点を考慮して決めました。その分値段は自然エネルギー中心の他の電力会社よりも少し高く、10ヵ月間での総費用を推計してみるとバッテンファール・ヨーロッパの自然エネルギー中心のメニューと比べ5000円程度、もっとも安い電力からは1万円弱の高値になりました（ヴァッテンファール・ヨーロッパの年間契約ボーナスなどは除いています）。

実際の申込手続きは、名前や住所、連絡先、入居日、銀行口座、電気メーターの管理番号と数値、予想される電力使用量などを申込書に記入して送付するだけです。EWSシェーナウのばあいは、1kWhあたり0・5～2・0ユーロまでの太陽料金プログラムの上乗せ分があるため、私は0・5ユーロのコースを選びました。その後、切替前の電力会社であったバッテンファール・ヨーロッパから通知が届き、さらにＥＷＳシェーナウから変更完了の知らせが届きました。

ちなみに、アパートや賃貸住宅で電力会社とメニューを選べるかどうかは大家さんの方針にもよります。アパートや賃貸のばあいには、個別の契約を認めていないばあいもあるそうです。

電力会社を変えたことによって、普段の生活が目に見えて良くなるわけでも悪くなるわけでもありません。電気メーターやコンセントもそれまでと変わりませんし、電気の質が悪くなることもありません。電気料金も銀行引き落としですから、ＥＷＳシェーナウの社員と会うわけでもありません。その意味では、自然エネルギーの電気を使っているという実感を持つことは、難しいかもしれません。

しかし、自然エネルギーの電気を選び、化石燃料や原子力の電気を購入していないということは、市場に対して欲しい電気を要求する行動であると同時にお金の行き先も選んでいるという意義があります。

自然エネルギー電力供給会社の顧客数は10万世帯～50万世帯規模であり、ドイツ４０００万世帯と比べれば一部ですが、自然エネルギー電力供給会社には３・11以降、問い合わせが大幅に増えています。さらに、ハンブルクに新設されたハンブルク・エネルギーのように、地域周辺での自然エネルギー発電と供給を中心に行なう地域公共電力会社も立ち上がっています。

自然エネルギー法で着実に国内の自然エネルギー供給源を増やすとともに、電力会社とメニューの選択によってさらに一人ひとりの市民が消費者として発電源の選択に参加できることには大きな意義があります。

欧州の電力改革の教訓

欧州では、電力自由化と発送電分離という電力システムの変革が、各国とＥＵの方針によって進められました。発送電分離には段階があり、それぞれ期待される効果も異なります。しかしＥＵが、送電網の公正な利用と競争促進の観点から、最終的に所有権分離を選択したことは重要です。またその際に、電力会社に対してアメとムチを含めた柔軟な対処があったことも示唆的です。

発送電分離と自然エネルギーの関係は単純なもの

ではありませんが、送電網の公正な運用と大きな市場との連携が、これまでの自然エネルギー普及の障害を取りのぞくことは確かです。垂直統合型の電力システムでは、スペイン送電系統管理会社のような自然エネルギーを優先的に供給する送電系統運用機関は望むべくもありません。また、取引所を介した大きなネットワークがあれば、系統内の自然エネルギー導入をより柔軟にすることができ、電気の安定性も高まります。

　また、小売の自由化が達成されれば消費者の選択が可能になるということも重要です。消費者の信頼を得るため、電気の中身や環境への影響についての情報開示も進むことでしょう。自然エネルギーの買い手が増えれば、より自然エネルギーの開発が促進されます。

　電力システムの変革は経済的な価値のためだけに行なわれるのではありません。デンマークやドイツの例からわかるように、競争環境による効率化と地球環境や安全保障の観点からの負担のバランスを取りながら多様な政策目標を実現していくことが重要です。とくに固定価格買取制度は自然エネルギー普及のために重要な制度であり、多くの新規参入やビジネスモデル開発を促進しています。電力システム変革が単純に価格低減を目的とするならば、固定価格買取制度のみならず、税やあらゆる追加的負担とは両立しないでしょう。

　発送電分離を含む電力自由化が完全実施されると、環境に悪くても安い電気ばかりになるのでは、という懸念もあります。しかしドイツの例からわかるように、原子力の電気を買いたくない、自然エネルギーの電気を使いたいという消費者が必ず存在します。一般家庭にも企業にも多少高くとも環境に配慮した電気を求める人びとがいます。

　90年代から電力システムの変革を進めてきたＥＵに対して、日本は大きく後れをとっています。しかしその分、後発の優位性をいかすことができるはずです。すでに世界中で発送電分離の事例があり、成功も失敗も含めて多くの教訓が得られています。こうした教訓に学び、目標をはっきりと定めた上でしっかりとした制度設計を行なわねばなりません。同時に、制度の詳細はその国のエネルギー政策、電力体制、自然エネルギー動向などが関係しますので、日本の状況をきちんと把握し、組み込むべきでしょう。

カリフォルニア大停電が起きた理由

電力自由化が原因ではなかった!

「電力自由化は電力供給を不安定にし、停電を引き起こす。2000年ごろのカリフォルニア州の大停電はその例である。したがって安定供給確保のため日本は電力自由化を進めるべきではない」

こうした意見がかつてはよく聞かれました。しかし今では、カリフォルニア州の電力危機は電力自由化の本質的な失敗ではなく、不十分な自由化とモラルを欠いた一部企業の行動に起因していたという認識が、電力業界でもほぼ共有されています。

1998年から電力自由化を進めていたカリフォルニア州では、2000年から01年にかけて供給する電力が不足し、輪番停電が実施されました(図参照)。さらに2つの大手電力小売会社が破綻したことから、最終的には州政府の介入により電力の供給が継続されました。この危機の背景には、需要の拡大と制度設計の失敗に加え、有名なエンロンなど、一部事業者による不正がありました。

当時のカリフォルニア州ではITブームもあって経済が成長していたうえ、夏場の気温の上昇により電力需要が増加していました。ところが環境規制の点から発電所の新設が難しく、既存発電所でも運転を休止しているものがあったことから、そもそも発電容量が不足していました。また、渇水のため近隣の水力発電からの融通が減少していました。

こうして、もともと電力がひっ迫していたところに、後に破綻した事業者が電力の卸取引価格を不正に高く操作したことから、「輪番停電」という事態に発展してしまったのです。

背景にある制度設計の誤り

この事態の背景には、カリフォルニア州の制度設計の誤りがありました。電力自由化の過程で、電力会社は自前の発電所を売却しており、電力を供給するためには卸電力取引所で調達する必要がありました。発電事業者は供給量予測を実際の能力よりも低く申告して電力が足りないように見せ、卸電力価格をつりあげることができました。つまり、発電事業者側に過剰に有利な制度設計だったのです。一方で、卸価格が高くなりすぎた際に消費者に転嫁できる小

コラム2

売価格には上限があり、電力小売会社の損失は増えてしまう構造でした。

ここから導き出される教訓は、電力自由化や発送電分離そのものが問題ではなく、適切な競争の圧力とシステムの安定性確保のための制度設計が重要だということです。市場や制度の設計にあたっては、地域の特性や需要の想定、系統整備の状況、エネルギー基盤といった現実を考慮することが必須です。日本は後発の有利さを生かしてこうした過去の失敗や教訓に学んでいく必要があります。

電力危機の後、カリフォルニア州での電力自由化は凍結されていましたが、２０１０年から再開されています。カリフォルニア州公益事業委員会は小売市場の競争を再開することを承認し、２０１４年までの段階的な自由化対象拡大を目指しています。（山下紀明）

図　カリフォルニアで発動された緊急宣言回数

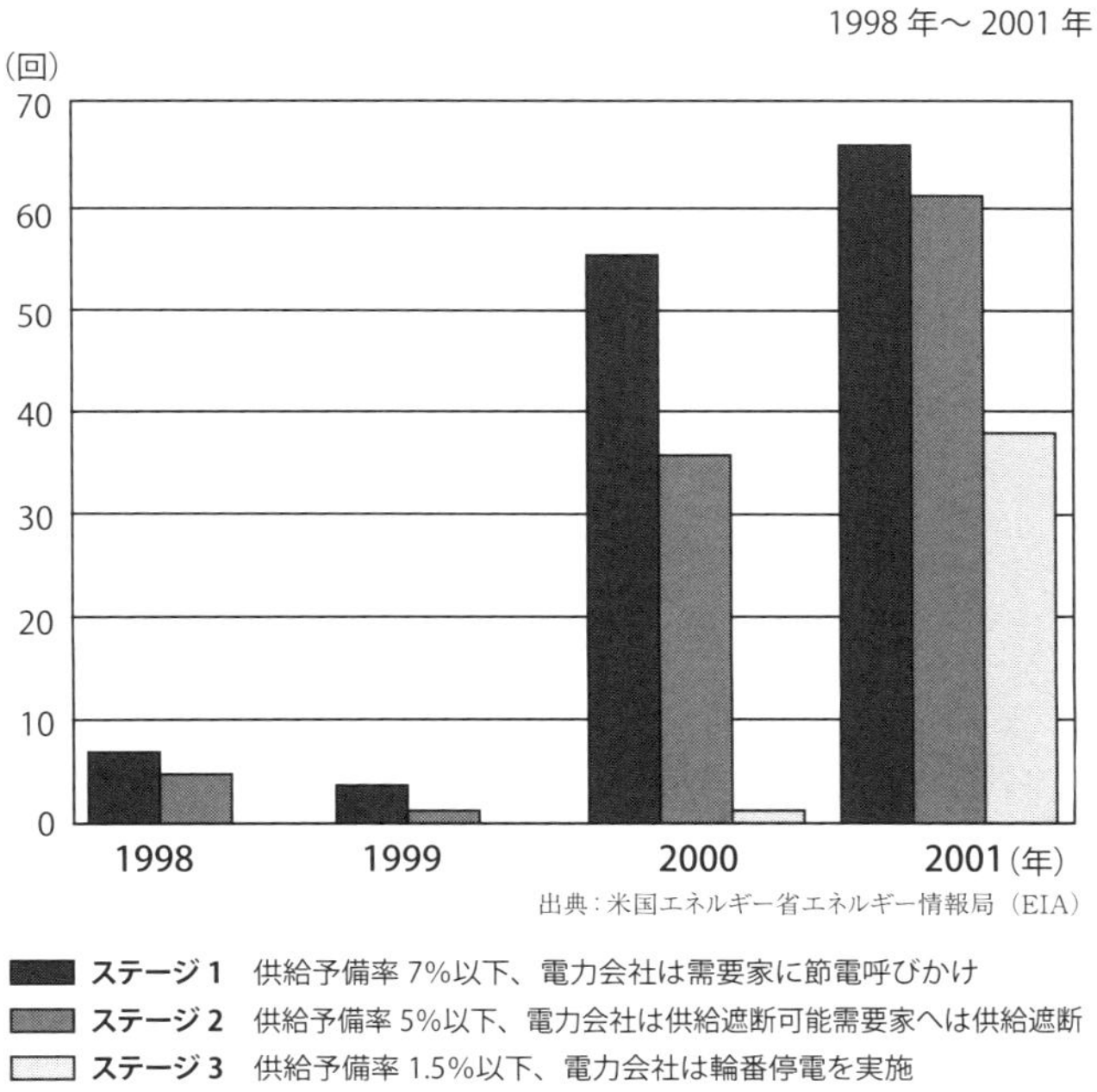

1998 年～ 2001 年

70
60
50
40
30
20
10
0
1998
1999
2000
2001 (年)

出典：米国エネルギー省エネルギー情報局（EIA）

ステージ 1　供給予備率 7%以下、電力会社は需要家に節電呼びかけ
ステージ 2　供給予備率 5%以下、電力会社は供給遮断可能需要家へは供給遮断
ステージ 3　供給予備率 1.5%以下、電力会社は輪番停電を実施

参考文献：
『スマートグリッドがわかる』本橋恵一／『電力自由化　ここがポイント』西村陽／『電力自由化　発送電分離から始まる日本の再生』高橋洋／『アメリカの電力自由化』小林健一／海外電力調査会ウェブサイト

第３章

九電力・地域独占体制は、どのようにしてつくられてきたのか

開沼　博（福島大学特任研究員）

九電力・地域独占体制とは何か

「九電力・地域独占体制は、どのようにしてつくられてきたのか」という「how（どのように）」の問いを考える前に、まずは「九電力・地域独占体制とは何か」、「what（何）」という問いを考える必要があります。その特異性を踏まえることによって、九電力・地域独占体制をより深く理解することができるでしょう。

まず「九電力・地域独占体制」の「九電力」とは何か。**これは、北海道電力・東北電力・東京電力・北陸電力・中部電力・関西電力・中国電力・四国電力・九州電力の９つの電力会社**を指します。これらの電力会社はいずれも、１９５１年につくられたものです。

この呼称を用いる際に理解しておくべきことが３点あります。

１つ目は、沖縄電力の扱い。日本には、この九電力の他にも沖縄電力があるため、実際は「十電力体制」ともいわれます。ただ、沖縄電力だけは、沖縄返還後の１９７２年に政府や沖縄県も出資する特殊法人として設立され、88年に特殊法人から民営化、２０００年に上記九社が中心となる「電気事業連合会」に参加、と1社だけ特殊な設立・経営の経緯を経てきました。そのため、これまで電気事業者の体制を歴史的に語る際には「九電力」とか「９＋１電力」と呼ばれることが多かったわけです。ここでも「九電力」という言葉を使いながら歴史を振り返ります。

図①　電力会社各社の供給区域

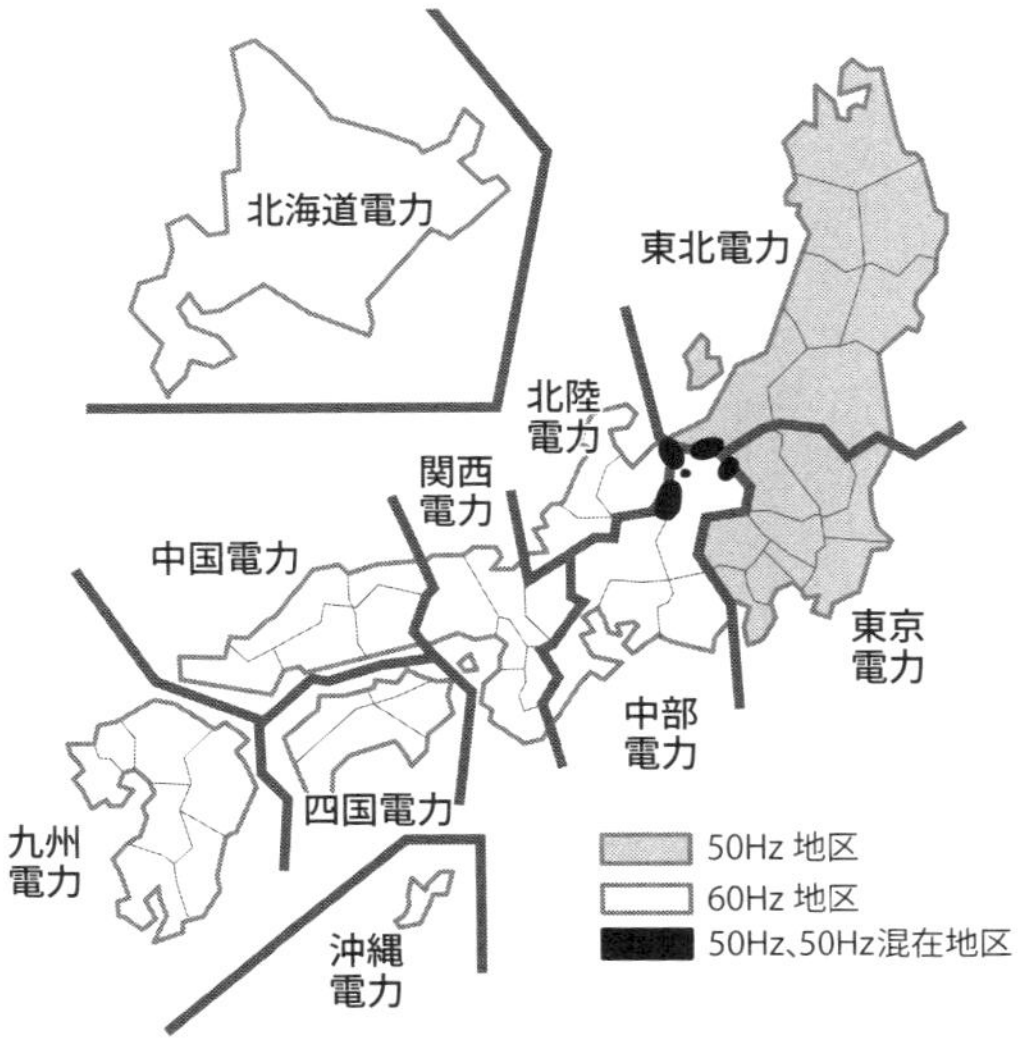

北海道電力	
供給区域	北海道
資本金	1143億円
販売電力量	323億kWh
東北電力	
供給区域	青森・岩手・秋田・宮城・山形・福島・新潟県
資本金	2514億円
販売電力量	827億kWh
東京電力	
供給区域	栃木・群馬・茨城・埼玉・千葉・東京都・神奈川・山梨・静岡県の富士川以東
資本金	9009億円
販売電力量	2933億kWh
中部電力	
供給区域	長野・岐阜・愛知・三重・静岡県富士川以西
資本金	4307億円
販売電力量	1309億kWh
北陸電力	
供給区域	富山・石川・福井（一部を除く）・岐阜県の一部
資本金	1176億円
販売電力量	295億kWh
関西電力	
供給区域	京都府・大阪府・滋賀・奈良・和歌山・兵庫（一部地域を除く）・福井・岐阜・三重県の一部
資本金	4893億円
販売電力量	1151億kWh
中国電力	
供給区域	鳥取・島根・岡山・広島・山口県と兵庫・香川・愛媛県の一部
資本金	1885億円
販売電力量	624億 kWh
四国電力	
供給区域	徳島・高知・愛媛・香川県
資本金	1455億円
販売電力量	342億kWh
九州電力	
供給区域	福岡・大分・佐賀・熊本・宮崎・鹿児島県
資本金	2373億円
販売電力量	875億kWh
沖縄電力	
供給区域	沖縄県
資本金	76億円
販売電力量	75億kWh

注：数字は2007年度のもの。各社の数値は過去最高電力実績。

２つ目は、地域の分け方。北海道・東北・東京・北陸・中部・関西・中国・四国・九州と、いわゆる「東北地方」「中国地方」といった際に用いられる都道府県の区切りと合致しているように見える各電力会社の呼称ですが、実際はそうではありません。たとえば、「東北電力」は、その送電エリアに、いわゆる「東北六県（青森・秋田・岩手・山形・宮城・福島）」だけでなく、新潟も含まれます（図①）。

この背景については、後にも触れますが、一点いえるのは、もともと国として、地方単位で計画的に電力会社をつくろう、発電・送電・配電を統合していこうなどという発想はなかった、その中で上手くエリアを調整しながら、ある面で帳尻を合わせてできたのが今の体制だということです。つまり、結果として9（＋1）電力がエリア毎にできているような形になってはいますが、まず各地域にボトムアップで電力会社がうまれてきた状況があり、それを後からトップダウンに組み替えたものに過ぎないということです。

３つ目は、「九電力」が、あくまで「配電エリア」での分け方であり、発電については必ずしもこのエリアの分け方とは関係がないということです。つまり、東京電力が、東北電力の配電エリア内である福島や新潟で発電をし、関西電力が北陸電力の配電エリア内で発電をする。何もこれは原子力発電だけでなく火力発電などでも行なわれてきたことです。この点については、一見おかしなことのように見えるかもしれません。

「東電のエリア内で使う電気は東電のエリア内でつくるべきだ」というような主張もありますが、ほかの製品・商品の生産地・消費地の関係を見てみれば、「地産地消」じゃないこと自体は何も特殊なことではありません。東京の人が食べる米や野菜だって、栃木・群馬・茨城や千葉や東北から来ていることも多いし、東京で売っている精密機械の部品を水や空気がきれいな長野で組み立てていることだってある。生産と消費が分離しているのは電力にかぎったことではないわけで、そう単純に批判されるべきものではありません。

「地域独占」は電力だけ

むしろ特殊なのは「九電力・地域独占体制」の「地域独占」のほうです。これは電力に非常に特徴的なことです。

地域独占とは、先に述べた各電力会社が担当するエリアごとに、配電をその社が独占することを指します。つまり、東京に住んでいたら、基本的には、問答無用に東京電力から送られる電力を買い、使わなければならない。北海道に住んでいたら、北海道電力から送られる電力を買い、使わなければならない。大まかには、この体制のことを指すと理解して問題ありません。

ただし例外はあり、たとえば、自家発電をしている事業者がいます。停電で電子機器が全部止まったら人命に関わる病院や、生産管理に大きな損害が出る工場は、電力会社の電力を買いつつ、自らも発電の用意をしているところが少なくありません。あるいは高校の化学の時間に勉強したような電気分解を用いてさまざまな金属を取り出す「電解精錬」をする事業者は、大量の電気をコントロールしつつ利用しなければならないため、自ら発電をするところも多くあります。

さらに、それら業務用ではなく、家庭用に自家発電をするばあいもあります。たとえば、震災以前から注目を集めはじめていた家庭用の太陽光やガスによる発電など、部分的にではありますが、電力会社に頼らず電気を得る選択肢もできてきました。また自家発電でうまれた余剰電力を電力会社に売ることもできます。

しかし、そのような例を除けば、電気を売ってくれるのは、現状ではあくまでその地域の電力会社だけです。たとえば、自動車を買おうとしたときに、トヨタか日産かホンダかと選べる状態にあるのと違って、電力を買おうとしたときには代替的な事業者の選択肢が現在はありません。

先に、ガスによる発電の話を出しましたが、電力とガスを比較すると「九電力・地域独占体制」の特異性がより分かりやすくなるでしょう。

電力会社の事業者団体である電気事業連合会の加盟社は10社。ガス会社の事業者団体である一般社団法人日本ガス協会には、２０１１年6月時点で正会員として都市ガス事業者２０９社、賛助会員として都市ガス事業に関係の深い企業約２７０社が加盟しています。このほかにプロパンガスの事業者もいます。数だけ見ても、事業者のあり方が大きく違うことが分かります。

一方、電力は相対的に見て企業の数や形態が絞られているわけです。もちろん、電気事業者の中には、「電源開発」や「日本原子力発電」という卸電気事業者や、90年代後半以降の電力自由化の中で商社などが参入してできた企業もありますが、ガスに比べればその数はかぎられたものであるといってよいでしょう。「同じ国」の「インフラ」であってもこれだけ違うわけです。他のインフラも、それぞれの事情と歴史があってそれなりに地域ごとにまとめられてはいますが、電気事業者ほどに、戦後を通して今日まで少数の事業者による体制が変わらなかった例は稀だといってよいでしょう。

もちろん国際的に見れば、日本同様、電力を国を中心とした特別な体制のもと運営してきた例は少なからずあります。たとえばイギリスは、１９９０年に発送電分離するまで電力は国営でした。新興国の中には現在も同様の体制をとっている例は少なからずあります。

今後の電気事業のあり方を考える基盤にしてもらえるよう、「九電力・地域独占体制」がいかに生まれ、今日に至るまで存続してきたのかふりかえっておきましょう。

意外に早い日本の電気事業の始まり

日本での最初期の電気事業として確認できるのは１８８７年（明治20年）に営業を開始した「東京電燈」です。アメリカではニューヨークエジソン社が１８８０年に設立され、82年に営業を開始、ほかの西欧諸国の電気事業もほぼ同時期に始まっており、意外なことに、維新以後の日本がその黎明期から世界の趨勢に遅れることなく電力を導入していたことがわかります。街の電灯をつけるのが東京電燈の事業でしたが、その後も、神戸、大阪、京都、横浜、名古屋、熊本においてもこの事業を行なう事業者が次々と営業を開始し、１８９２年には３万５６４７の電灯ができたといわれています。

それがどれだけ革新的な出来事だったのか、まず理解しなければならないのは、そもそも当時の「生活におけるエネルギー」がいかなるものだったのかということです。

明治期の状況を考えれば、光を得るのにロウソクを使い、巨大な機械を動かすのにも電気ではなく蒸気機関等を使う。そのための熱をつくるには薪や炭、石炭が用いられていた。移動手段も人の力か動物の力が主たる動力だったわけです。現代がいかに電気を中心としたエネルギーに依存した生活によって成り立っているかということは明らかですし、逆に、当時の生活が、いかに電気を前提としていなかったのか、そこに電気という、得体の知れないものが入ってきたことの衝撃の大きさは、現代を生きる私たちの想像を超えるものだったでしょう。

しかし、そうはいっても、当時の電気事業は、技術的にはあまりにも未熟でもあり、その展開の可能性は極めてかぎられていたことも事実でした。発電所は火力を中心に成り立っていました。その出力は１００馬力程度で、10km程度しか送電できませんでした。今のように、高電圧・交流の電気を長距離に送る電気事業のあり方とは大きく違ったわけです。

となると、日本の電気事業の黎明期においては、「電気＝地産地消」だったといえます。「そうせざるを得なかった」といったほうが正確ですが、消費地の近くで生産をする体制があったといってよいでしょう。そして、電気自体、未知の技術としての側面も大きかったため、電線の設置方法などを除けば、官庁による規制も比較的少ない中で自由に事業が行なわれていました。電線も、電話線がある電柱などを利用しながらかけられていったようです。

しかしその後、急速に電力供給技術の革新が進みます。そして、社会における電気の存在感もより明確になってきました。たとえば、1891年1月20日におきた国会議事堂焼失の原因の1つとして「議事堂内に引いた電気の漏電」が疑われ、「意外と電気って危ないのでは。お上が監督しないと」という認識も広がるようになり、同年7月には逓信省電務局のもと警視庁、各府県の認可事業となる、ということもありました。

ところで、同じ1891年に注目すべき動きがあります。京都市が「蹴《け》上《あげ》発電所」という事業用、つまり、「作った電気を誰かに売るためにつくられた発電所」を水力では初めて建設したのです（写真①②）。こうして、それまでの「自家用」に加えて「事業用」「民営」に加えて「官営」もでてくることになり、運営目的・形態が多様化していきました（現在の「九電力・地域独占体制」は事業用・民営ということになります）。

この当時、日本の電力黎明期の電気事業は、非常に自由に、ある面で無秩序な部分を持ちつつ行なわれていたということができるでしょう。官も民も、自分で使いたい人も、誰かに売りたい人も、現在に比べれば相対的に自由に電気事業に参入していたわけです。

技術の発達と「電力戦国時代」

「無秩序な部分」といいましたが、そこには「自由に参入しやすい」という面と、「競争の中で淘汰されやすい」というもう一面、その両者が含意されます。規制が少なく、火力か水力の発電設備をつくることができれば誰でも発電ができたため、自らの事業で使う、あるいは近場に大口の消費者がいるなら行政による許可を得て電気事業をはじめるといったことも容易でした。

そうした状況は、とりわけ日清戦争（1894

写真① 第2期蹴上発電所外観（明治45年5月1日撮影）©京都市上下水道局

写真② 第2期蹴上発電所内部（明治45年5月1日撮影）©京都市上下水道局

写真③　日露戦争が始まり、電力不足解消のため東京電燈が建設した巨大な千住火力発電所 © 探検.com

年～95年）に勝利した後、好況が訪れるとともに急速に進みはじめました（写真③）。金本位制の採用、繊維などの軽工業、製鉄などの重工業の広がりなど近代化が進行する中、１８９６年（明治29年）の時点で電気事業を営む会社が29社、需要家戸数が２万３０３４戸、資本金６７８万円あったのが、１９１０年（明治43年）の時点になると、会社が１６４社、需要家戸数57万６２７８戸、資本金２５０８万円へと増大しています。

その中で起きた大きな変化が、「送電距離の伸長」と「電力利用可能エリアの広域化」です。電気の需要が増えるほど発電技術も発展し、電圧も高くなります。すると、１つの発電所からより広い範囲への送電が可能になり、さらに需要家が増える可能性も高まっていく、という、この繰り返しが電力市場を広げていったわけです（図②）。

その点では、１９１１年、それまでの主力だった火力の発電量が水力の発電量に追い抜かれた事実は少なからぬ意味を持つものでした。長距離送電の技術が発展したことによって、地理的な制約が多いものの常時発電し続けられる水力が急激に伸びたわけです。

図②　送電線・配電線の長さの推移

注：電線路亘長の数字。「亘長（こうちょう）」とは送配電線の起点から終点までの水平距離を指す。橘川武郎『日本電力事業発展のダイナミズム』図版より作成

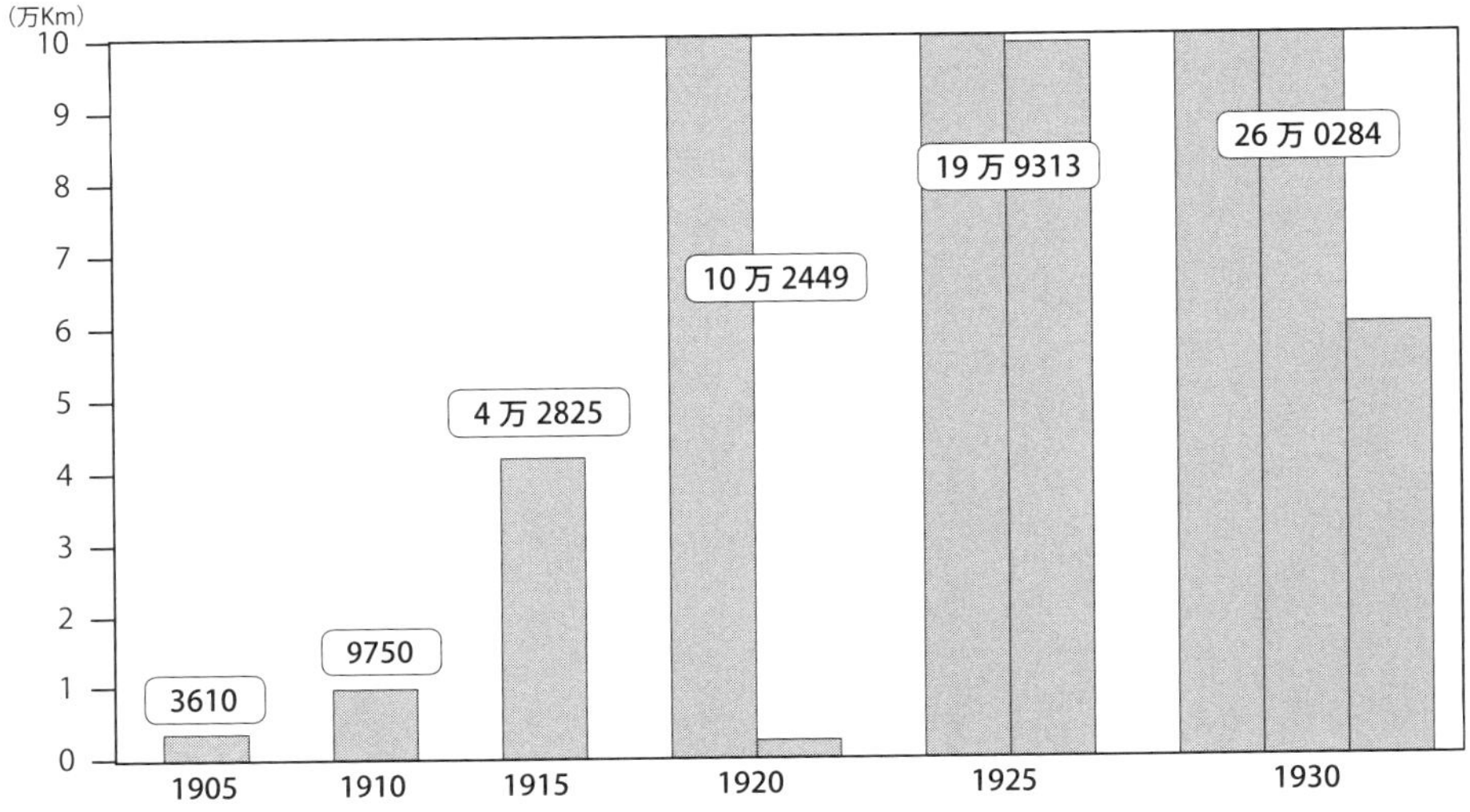

1899年、「広島水力電気」が1万1000ボルトで26km、福島県の「郡山絹糸紡績」が安積疏水の沼上発電所から郡山まで22kmの送電をしていたのが、1912年には、「鬼怒川水力電気会社」の下滝発電所から6万6000ボルトで125km、1913年には「梓川電力会社」が鹿留より7万7000ボルトで75kmの送電をするようになりました。10倍、100倍になったというような大きな話ではありませんが、10年ほどで100kmを超えて送電できるようになりました。そうすれば、もはや電力も「地産地消」とはいえないようになってきました。発電をしたところの近くで消費するだけではなく、地方で発電して都市に送る。多くの電力を消費する都市部の需要に合わせられるようになったわけです。

そのもっとも象徴的なものが、1914年（大正3年）、福島県の「猪苗代水電株式会社」が東京に向けて11万5000ボルト、220kmの送電を成功させた事例です。これは東京の工業地帯への送電でした。以後、関東近郊の水力発電開発が本格化していきます。

しかし、一方で課題も生まれます。流量調整のた

めの大型ダムの建設技術が未熟な中では、河川の水の自然な流れに任せて水力発電をし続けるしかありません。需要の変動にあわせて発電量を調整することができないので、電灯用に安定的な電力需要がある夜間にあわせて生産するしかないわけです。すると、需要が少ない日中に電力が余ってしまいます。

こうして重要になってくるのが、この「昼間のロス」をいかになくしていくかということです。

すでに、電力事業者間の競争も始まっていました。昼間にも発電され続け、余っている電力の供給先を見つけ出し販売し、発電所への大規模な投資をより早く回収し、利益を出し、さらに次の投資をしていく。さもなくば競争に負けてしまう。発電技術と送電技術の発達の中、電気事業者には潜在的需要の発見と掘り起こしが求められるようになります。いわば「電力戦国時代」が始まったといってよいでしょう。

一方、そんな中で電力の「公益性」が認識されだします。誰か個人の私的な利益のみならず、広く公的な利益をもたらすものとして電力があり、その前提で電気事業を広めていかなければならない。具体的にいえば、公益を考えれば電線をより広く、細かく張り巡らすという理想は悪いことではないはずですが、現実的にはその理想を実現しようとすればするほど、私有地の上に線を通したり電柱をそこかしこに立てたりしなければならないため、利害の調整に膨大なコストがかかります。それを解決するのに競争（＝市場）の力に任せるだけでは難しいわけです。つまり、公益性を実現するために、「市場的な解決」のみでは実現できない障壁を乗り越えるための制度をつくる「政治的な解決」が求められるようになります。たとえば、１９１１年に公布された電気事業法などで、そういった社会的制約を乗り越えながら、電気事業が発達できるように具体的な社会制度が整えられていきました。国としても「隅々まで電気がある社会作り」を促す体制ができてきたわけです。

工業用電力の伸長と加熱する競争

しかしその結果、ますます競争は過熱することになります。「昼間のロス」は工業用電力として電灯用電力を１９１７年（大正６年）に追い越すようになります。第１次世界大戦（１９１４～18年）の中で急速に発達した重工業は電力需要を増やしました。その結果、需要家をいかに取り込むか、各電気事業者は競争をはじめます。

そのもっとも端的なものは料金値下げにほかなりません。1社が料金を下げると他社も下げざるをえない。市場の相場全体が下がると今度はこれまでは高くて手を出せなかった購買者も寄ってきて市場は加熱します。もうこれからは蒸気機関とか人力の機械ばかり使ってやっていられない、そんなことしていたら生産力で負けてしまうというわけです。それはここ20年ほど、携帯電話やインターネットプロバイダの利用料が廉価になっていくなかで急速に普及していった状況を想起すればわかりやすいでしょう。一度そのドライブがかかれば意外と一気に広まるものです。これが「市場的な解決」の力です。

しかし、少なくとも一時的には需要サイドにいいことずくめといえる価格競争ですが、供給サイドにとってはとんでもない消耗戦です。電気事業者同士で疲弊し合い、経営が悪化するところは市場からの撤退を余儀なくされ、一方でかぎられた強者はそのような企業を合併・買収していく弱肉強食の状況に入ります。発電施設を設置するには、膨大な資本投下が必要で回収に時間がかかります。結局、大企業が一人勝ちか少数だけ生き残り、ダンピング合戦に歯止めを打ち、その結果再び電気料金は高騰するようにもなります。今度は、工場などが電気に依存しなければ生産活動を行なえなくなっていたからです。

このころまでの電気事業者は、将来の需要予測をし、そこに向けて発電施設に投資するというサイクルを繰り返すモデルのなかで経営規模を拡大してきました。しかし、当時の急速な近代化、戦争を背景とした急拡大と不安定のなかで、このモデルは非常にリスクの高いものとなっていました。好況時には投資がそのまま利益に跳ね返ってくるので問題がないとしても、不況時には事前の投資が重荷になり一気に経営が悪化します。

さらに、このモデルは無計画な開発も生み出します。過剰な需要予測のもとで、過剰な設備をつくるばあいもありましたし、同一地域で送電方向が逆行する電線が設けられるという事態も起こりました。たとえば、渋谷にある発電所から横浜に送電される電線と同時に、横浜にある発電所から渋谷に送電される電線が並んで存在したこともあります。「部分の合理性」が優先的に追求され、「全体の合理性」が追求されにくい状況にあったわけです。

そんな市場競争、自由な競争の負の側面も見えてきたなか、その弊害をコントロールしよう、「全体の合理性」を考えようという動きも出てきます。１９２８年（昭和３年）、当時の電気事業者が「統制協議会」をつくり、事業者間の利害を調整し、より効率的な業界のあり方を模索しようとしました（それは32年には「電力連盟」となります）。送電網の整理・統合や１つの発電施設あたりの発電量の極大化によって、合理的に、無駄な競争と事業者の疲弊を省きつつリーズナブルな電力価格の実現を目指したわけです。

電力の戦時統制で進む統合

このころになると、「全体の合理性」を考える意義がもう１つ出てきます。国策への協力です。１９３０年代、世界的な不況と満州事変（31年）、第二次世界大戦（39～45年）へ向かう素地が整えられていくなか、より効率的に国力に資する電力を供給する業界のあり方が、求められるようになりました。

先に述べたとおり、日本の電気事業は、その黎明期において、ある程度勝手に参入可能なものでしたが、明治から大正末期にかけてその整理統合が進み、20年代半ばには東京電燈、東邦電力、大同電力、宇治川電気、日本電力の「五大電力会社」とよばれる事業者などに再編されてきていました。

さらに、30年代末になると電力の国家管理化が進められるようになります。日中戦争開戦の翌38年に成立した電力管理法はその象徴的なものです。それは、政府が「日本発送電株式会社（日発）」をつくり、発送電を一手に引き受けることを柱としたものでした。それまでの電気事業者の送電部門は日発がすべて担うようになりました。また、発電については、国の制度的な監視が強まる一方で電力会社による管理運営は続きましたが、発送配電の全事業を日発に譲渡する例も徐々に出てくるようになります。まずは火力、最終的には水力も日発が一手に引き受けるようにように推移していきました。

それまで自主的な整理統合に任されていた配電についても、１９４０年、第二次近衛内閣の下で統合の方針が出されます。日発と同様に1社で全国をまとめるのか、地域別に分割するのか、あるいはすべて公営にするのかなど議論されましたが、配電を行なう電気事業者を地域別に統合し、特殊会社にまとめるという方針が採られました。そして、この地域区分が、現在の「九電力」に引き継がれるエリア分割の元になったわけです。

日本は明治以来、基本的には、戦争で国全体を揺るがすような大きな損害を受けることなく植民地も獲得し、場合によっては欧米列強に対抗しうる経済力もつけながら近代化を遂げてきました。しかし、ここに来て戦争・植民地経営においては中国などの抵抗が強まるとともに、第二次世界大戦が始まるなかで他国からの資源輸入も停滞、ＡＢＣＤ包囲網へと向かうなかで国内は不況と物資不足への道を歩み始めていました。

先述のとおり、38年に電力管理法ができますが、ちょうど同時期にできたのが国家総動員法です。何もかもが不足するなかで、国民を戦争に向かう国家に総動員するのとあわせて電力の国家への統合が行われたわけです。この時期、あらゆる分野で、近代化の中で立ち上がってきたしくみが国家の元に整理され、制度化されていきました。それは電力以外の他のインフラでもそうで、新聞社もそれまで各地域ごとに自由につくられていたのが、1県1社体制化され情報管理もしやすく整備されるというようなことが起こっていったわけです。

今日では、１９３０年代末に急速に進んだ、この「無秩序だったものを秩序立てる動き」を「総力戦体制」「１９４０年体制」などと呼んで分析する研究が進んでいますが、そこで重要なのは、「この体制が戦後まで続き、戦後復興後の日本の経済成長期を支えた」とされていることです。国を1つの方向に向かわせるのに、この「総力戦体制」「１９４０年体制」は戦中から戦後に至るまで一貫して、極めて有効に作用しました。それ故に経済大国としての日本ができたというわけです。その詳細について、これ以上ここで述べることはしませんが、まさにこの時期にできた体制が形を変えつつ戦後にも維持されていくことになります。

戦後すぐに確立した九電力・地域独占体制

１９４５年の終戦後、日本に進駐したＧＨＱ（連合国最高司令官総司令部）がまず課題としたのが、戦時中に機能した官僚による電力への統制を崩し、事業の民主化をするということでした。そこで具体的に出てきたのが、発送配電の全国一元管理を行なう、官営ではない民営の会社をつくるという方針です。これには経営側・組合側双方が前向きな姿勢を示していましたが、ＧＨＱには、財閥解体や農地改革などに象徴されるように、経済的な力が一箇所に集中するあり方を、軍国主義をもたらしたものとして是正しようという志向があったことも影響し、議論は複雑化します。

そこで出てきた代替案は、これまでの配電のエリア区分に従って、それぞれに発送配電を一貫して行なう民営会社をつくるということでした。独占的巨大企業ではないという形をとりながらも、地域を独占する形での九電力体制。最終的にこの方針で日本の電気事業が営まれることになり、１９５１年５月１日に新会社（北海道電力、東北電力、東京電力、北陸電力、中部電力、関西電力、中国電力、四国電力、九州電力）が一斉に設立されることとなったわけです。

九電力以外にも「電源開発」や「日本原子力発電」という卸電気事業者がありますが、両者はそれぞれの歴史的経緯のなかでうまれ、今日においては当初とは違った独自の役割を担っています。基本的には、九電力発足時には各社とも財政基盤が弱くダムや原発など新たな電源の開発をする力がないなかで、国策として巨大開発を行なう受け皿となったものです。たとえば、米国のニューディール政策の目玉であった「ＴＶＡ」＝テネシー川のダム開発を行ないながら電源開発、地域開発も行なっていくという施策を模した福島県の只見川水系のダム開発を「電源開発」が行ないました。

その当時の状況をもう少し詳しく見ましょう。終戦後、ＧＨＱは日本の軍国主義体制を解体して民主化し、一方で再軍備化を抑え込むような制度を導入しようとしてきました。しかし、１９５０年ごろからその文脈は大きく変わっていきます。冷戦構造が深まる一方で、朝鮮戦争が勃発し、共産主義陣営による日本の取り込みを防がなくてはならないという意識が出てきました。そのなかで警察予備隊の設立やレッドパージなど、いわゆる「逆コース」と呼ばれる動きが出てきます。国内では朝鮮戦争の影響で景気がよくなり、それまで、たとえば航空機製造などは、再軍備につながる危険性があるとして抑え込まれていましたが、そういった抑えられていた産業が再興していきます。電力もまた過剰につくることが危険視されていましたが、電力需要が大幅に増えるなかで、巨大な電源開発が模索されるようになっていったわけです。

これ以後、「戦後復興期」から「高度経済成長期」に入っていきます。水力のみならず、火力・原子力などの巨大開発も進んでいきますが、それは基本的には九電力・地域独占体制を軸になされていきました。経済成長を先取る形で各地域での電力が確保され、確保された電力を利用しながら経済成長を達成していくという流れができ、今日に至るまで、大きく揺らぐことなく、九電力・地域独占体制体制は極めて強固に営まれてきました。

九電力・地域独占体制を支えてきた論理

以上で、発送・配電を一貫して行なうことを前提とした九電力・地域独占体制が「どのようにしてできたのか」という問いについて、大きな歴史的経緯を理解いただけたでしょう。

電気事業は、戦後一貫して、九電力に独占された、閉じた市場のなかで行なわれてきました。それは政・官・財のみならず、メディアも利用されながら進められてきたものでした。先にも述べた電気事業連合会には９＋１電力が名を連ね、東電・関電・中電がその会長職を務めあいながら、マスメディアへの広告出稿などを積極的に行ない「原子力エネルギーの積極的な推進」のためイメージづくりをしてきました。

一方、新たな動きとして、九電力・地域独占体制を変えるべきであるという議論も出ています。発送電分離を進めれば、電気料金の低廉化、エネルギービジネスへの新規参入、スマートグリッド技術の導入などが進むといったこともいわれます。

もちろん、これまでも「変わる」うる契機はありました。たとえば、１９９５年の電気事業法の改定はこれまでの九電力・地域独占体制に風穴を開けうるものでした。世界的な電力自由化の流れのなかで、九電力以外の事業者の電気事業市場への参入・競争を促すものだったからです。しかし、それは「電力自由化」という言葉に多くの人が思い描くような革新的な状況をつくるものとはほど遠く、実際にはその効果は極めて限定的にとどまりました。

しかし、今、既存の制度の歴史を学び、今後の制度のあり方を展望することの意義は極めて大きいことは間違いありません。福島第一原発の事故をきっかけに、電気事業のあり方が、国民的な議論の対象となっています。

参考文献：『新・電気事業法制史—電力再編成50年の検証』松永長男／『原子力の社会史』吉岡斉

コラム3

電気事業連合会はどんな役割を担ってきたか

電気事業連合会の構造と戦略

　戦後日本に登場した九電力による地域独占体制。この世界に例を見ないしくみを、60年以上にわたって持続させてきた原動力が「電気事業連合会（電事連）」です。この組織は法人格を持たない業界団体で、表向きは単なる懇親組織ですが、じつは電力会社の利益のために活動する、いわば「秘密工作機関」です。10いくつかのセクションがあることまでは公表されていますが、スタッフ名も数も会計報告も非公開です（60ページ図参照）。

　セクションの中には企画部、広報部などのほか、原子力部、原子燃料サイクル事業推進本部や地層処分推進本部というのもあり、最近では原子力安全新組織設立準備室というのもつくられているようです。つまり原子力推進のための統合本部がここにあるのです。

原子力推進統合本部としての機能

　設立は１９５２年。当初は労働組合対策が中心の組織だったようですが、71年に福島第一原発1号機の運転を開始するにあたって、当時の木川田会長がマスコミ業界から電事連広報部長に1人の人間をスカウトしたところから、原子力推進統合本部としての機能がスタートします。

　そのときのミッションは、原発に反対を掲げる朝日新聞を「黙らせる」ことで、その当時のことは、元朝日新聞の記者で、後に電力中央研究所顧問として原子力ムラの一員となった志村嘉一郎氏の『東電帝国　その失敗の本質』（文春新書）に詳しく書かれています。

　この本によれば、電事連が力を発揮したのは、最初に広報（マスコミの世論形成）、その次に国会議員への工作です。いまでも、原発問題に対して行動をはじめた国会議員のところには、必ず電事連からの使者がやってくるそうです。

　電事連は、オモテの顔は電力会社間の情報交換、データ集積、広報などですが、ウラの顔は、電力業界からの政治家ロビイングやマスコミ対策、ときには脱原発市民団体の監視や妨害……。その情報網と人脈を駆使して、政府や自治体、マスコミ、大学、労働組合など、地方組織から中央まで、広範囲のステークホルダー

コラム3

を把握し支配力を行使しています。

好きなだけ使える経費

電事連は任意団体なので、会計報告をする義務がありません。電力各社から納められた上納金は、原子力政策に批判的な政治家、学者、マスコミを「黙らせる」ために使われます。100万円が入った封筒がいくつも用意されて、「○○議員が海外視察に行く」というと、「3つくらい持っていけ」「○○新聞のA記者が海外取材に行くようだ」と聞くと、「2つくらい持っていけ」といったやりとりが行なわれているといわれています。これは実際にもらった複数の人たちが証言しています。お金以外の便宜もいろいろと図っていることでしょう。

原子力発電のための広報も、電事連が中心となって行なっています。そもそも地域独占で競争がなく、広告など必要ないのに、原子力発電や再処理の推進のために湯水のようにお金を使っています。電力会社は総括原価方式ですから、これらのお金もすべて私たちが支払う電気料金の中に含まれているのです。

（竹村英明）

電気事業連合会構成図

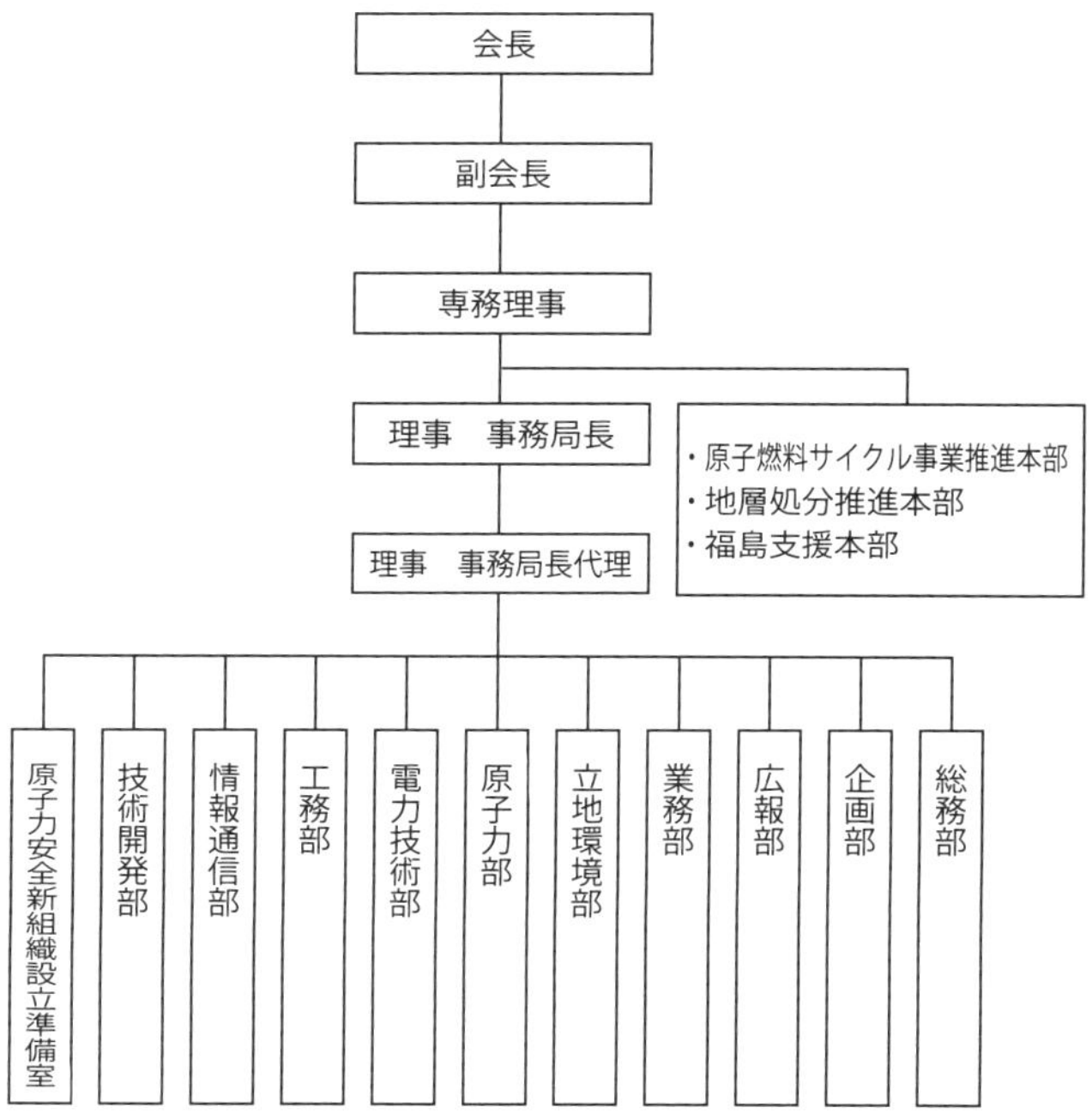

第4章

発送電分離とともに解決すべき課題

竹村英明（環境エネルギー政策研究所顧問）

日本は潜在的な自然エネルギー大国

日本の自然エネルギー開発は、１９７４年７月に発足した日本の新エネルギー技術研究開発についての長期計画である「サンシャイン計画」にさかのぼります。このときは、太陽光発電や太陽熱利用、風力、地熱発電などに予算がつけられ、当時の世界の自然エネルギー開発をリードするような活況でした。技術的にも世界の最先端にあったと思います。

しかし、その後日本における自然エネルギー開発は衰退し、欧米各国にはもちろん、最近では中国やインド、韓国にも遅れをとるという状況となってしまいました。原因の1つは、同時期に始まった原子力推進の大きな流れです。ほとんどの政府予算も民間投資も原子力へと流れ、自然エネルギーへの投資はやせ細っていきました。

一方、欧米各国では、１９７９年にスリーマイル島原発事故、１９８６年にチェルノブイリ原発事故が起こるなかで原子力発電に対する懸念が広がり、代替エネルギーとしての自然エネルギーへの関心と開発投資が高まります。自然エネルギーを普及させるさまざまな制度も整備されていきました。皮肉にも、日本の家庭用太陽光発電の余剰電力買取り制度をもとにつくられた固定価格買取制度（ＦＩＴ）によって、欧米では２０００年ごろから、爆発的に自然エネルギーが普及します。

現在では、電力供給のなかでの自然エネルギーの割合は、ドイツで17％、デンマークで29％、フランスですら14％となっています。世界的には割合がもっと高い国もあり、オーストリア62%、ニュージーランド65%、ブラジル85%、アイスランドに至ってはすでに100%です(『世界自然エネルギー白書2010』)。これに対して、日本はいまだに2%そこそこで低迷しています。

図①　日本の風力発電の導入ポテンシャルと導入可能量

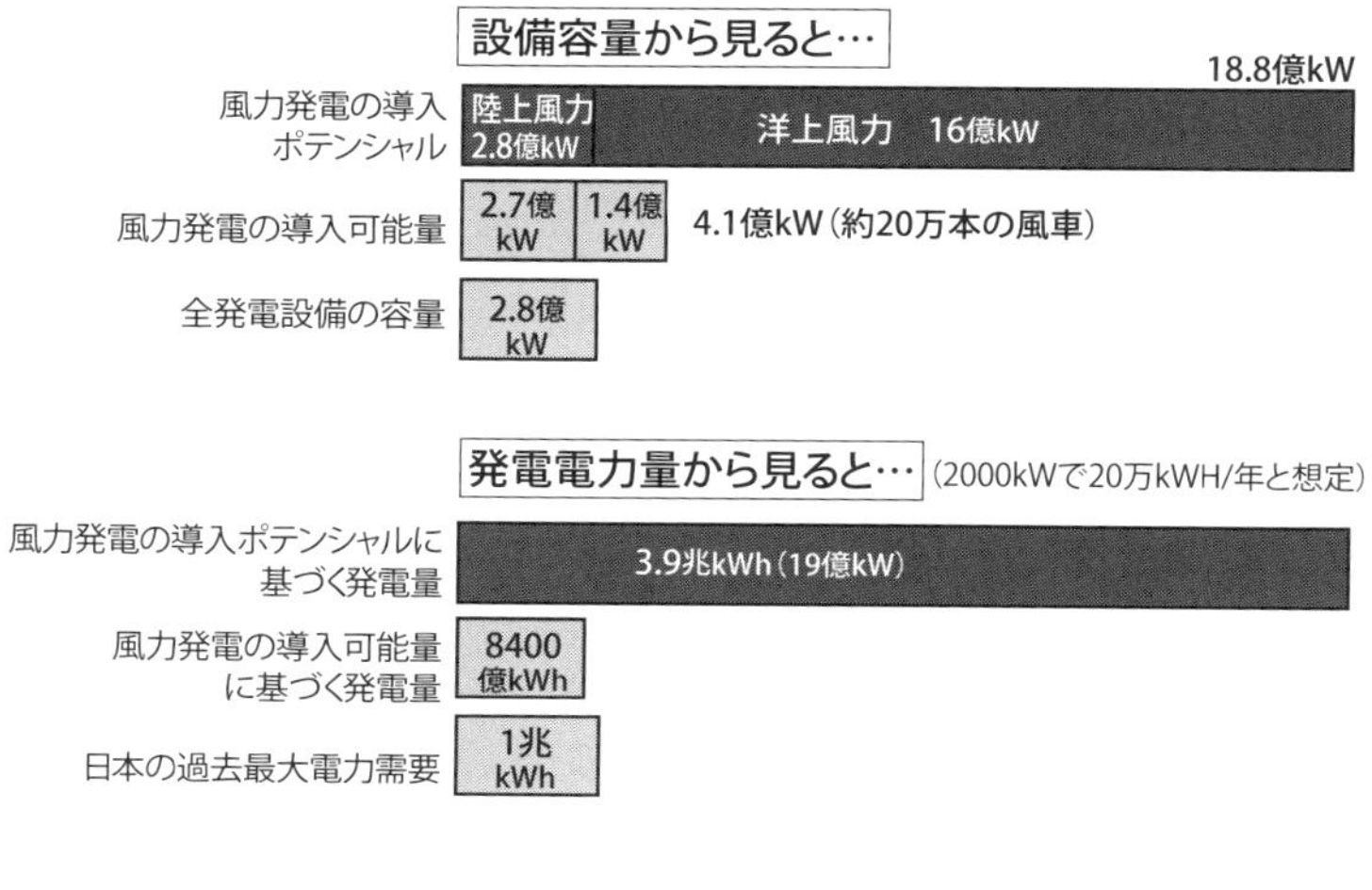

出典：環境省『平成22年度再生可能エネルギー導入ポテンシャル調査』

なぜ、こんなに差が開いてしまったのでしょうか。日本の風土は自然エネルギーに向いてないなどという人もいますが、本当にそうでしょうか。実際は、日本は潜在的な「自然エネルギー大国」で、そのことは環境省の調査によって証明されています。

2011年4月に発表された環境省の『平成22年度再生可能エネルギー導入ポテンシャル調査』では、太陽光発電、小水力発電、地熱発電と風力発電について、将来導入が可能な発電設備の「**導入ポテンシャル**」を推計しています。風速や河川流量などの条件から、現実的な制約を考慮せずに理論的に導き出した総量を「**賦存量**」といいます。「**導入ポテンシャル**」とは、そこから自然の制約や法規制を勘案して、開発不可能と判断されるものを除いたものです。そこからさらに建設コストなどの経済性を考慮して絞り込んだものを「**導入可能量**」といいます。

図①の環境省の導入ポテンシャル調査をみると、日本での風力発電の導入ポテンシャルがとても大きいことがわかります。陸上風力はとくに東北や北海道が大きく、その導入ポテンシャルは発電容量（出力）で2・8億kW。洋上風力は北海道を中心として導入ポテンシャル16億kWと推計されています。風力発電のばあい、１ｋＷの発電設備から年間２１００ｋＷｈという量の発電ができるとされていますから、陸上と洋上をあわせて19億ｋＷの風力発電設備がつくり出す電気の量は、約４兆ｋＷｈになります。日本の電力消費量の４倍です。

風力だけで年間消費量の84%を調達可能

もちろん、コストをおり込んだ「導入可能量」となると、より絞り込まれることになります。環境省が２０１２年３月に調査結果を発表した導入可能量は、陸上で２・７億ｋＷ、洋上で１・４億ｋＷ、合計で４億ｋＷです。

ただし、導入可能量は電気の販売価格で変わってきます。この調査の後に決定された固定価格買取制度（２０１２年７月開始）の買取価格が予想以上の高価格だったことを考えると、この数字ももっと大きくなる可能性もあります。これに加えて、洋上風力に大きな補助金などの支援がつくことになれば、導入可能量はさらに大きくなるはずです。

ちなみに発電容量４億ｋＷは、２０００ｋＷの風車で20万本に相当します。年間発電量に換算すると８４００億ｋＷｈとなり、現在の年間電力消費量の84%にあたる量ですが、今後の省エネなどをおり込むと、１００%を風力でカバーできると言えるほどです。

風力以外の自然エネルギーについても、環境省の導入ポテンシャル調査の内容を見てみましょう。

太陽光発電について、環境省の調査では「非住宅用」のポテンシャルのみ示されています。それによると、公共系建物で発電容量２３２０万ｋＷ、工場・物流２９００万ｋＷ、未利用地２７３０万ｋＷ、耕作放棄地６９８０万ｋＷで合計１億４９３０万ｋＷです。年間発電量でみると、環境省の数字で１５００億ｋＷｈとなります。

「住宅用」のポテンシャルは、２０１１年12月にコスト等検証委員会に出された資料「各省のポテンシャル調査の相違点の電源別整理」（以下、電源別整理）のなかに経産省の数字があります。もとになっているのは、みずほ総研が同年８月に公表した資料で、戸建住宅４９００万ｋＷ、集合住宅１６００万ｋＷ、合計６５００万ｋＷです。これに側壁を加え、合計９１００万ｋＷになるとされています。

非住宅用と合算すると少なくとも２・４億ｋＷ、

年間発電量で２４００億ｋＷｈです。日本のピーク電力は１・８億ｋＷですから、太陽光発電だけで「夏場の電力危機」を乗り切れることになります。

このほかに、小水力発電の導入ポテンシャルは河川１４００万ｋＷ、農業用水30万ｋＷ、合計１４３０万ｋＷ。導入可能量では最大で河川４０６万ｋＷ、農業揚水24万ｋＷ、合計４３０万ｋＷとなっています。小水力では長野、岐阜が高い数字を示していますが、導入ポテンシャルとしては山形、秋田、福島などの東北地方が日本全体の３割を占めています。

地熱は温度が高いほど利用効率が高くなります。環境省による導入ポテンシャルでは１５０℃以上は６３６万ｋＷ、それ未満は７８４万ｋＷと推定されています。導入可能量では、１５０℃以上で４４６万ｋＷとなります。稼働率80％として３００億ｋＷｈ程度の電力供給が可能です。

自然エネルギーとしてはそのほかにバイオマスがありますが、この環境省の調査対象になっていません。バイオマスには、木材を原料とする木質バイオマスと、下水処理の汚泥、家畜の糞などをメタン発酵させるものとがあります。木質バイオマスの利用は森林資源開発とのバランスをとる必要があります。利用効率を考えると、たとえば、製材所での端材を利用しての乾燥用ボイラーとか、温泉施設などでの熱利用をベースとした上での余力での発電などに限定する方が効果的でしょう。

以上のようにみてみると、日本には風力や太陽光の莫大なエネルギーがあり、さらに地域特性を活かして利用できる小水力や地熱、バイオマスがあります。開発中の潮流発電や波力発電なども含めて、日本は自然エネルギーの宝庫であり、とてつもない「資源大国」であるといえるのです。

それでは、自然エネルギー資源大国の日本で、なぜ自然エネルギーを普及させることができなかったのでしょうか。

その大きな原因となっているのが「送電網」へのアクセスをめぐる問題です。自然エネルギーで生み出された電気を、送電網を通じて人びとのもとに届けようとするとき、いくつもの障壁に阻まれるのです。それらの障壁を取り除くには、公共に開放された送電網をつくらなくてはなりません。そのためには発送電分離が必要だと私たちは考えています。

まずは、大きな可能性を秘めた日本の自然エネルギーの発展を、どのような障壁が妨げているのか、１つずつ取り上げて検証していきましょう。

機能していない「電力の部分的自由化」

日本では電力会社が地域ごとに独占が認められており、長い間、電力会社を選べない体制が続いてきました。しかし、１９９５年に最初の電気事業法改正が行なわれて以来、大口の需要に対しては、対象を少しずつ広げながら、部分的な電力の自由化が進められています。２００５年の法改正によって、今では50ｋＷで６０００ボルト以上の「高圧契約」をしている需要家まで対象が広がりました。

対象となる需要家においては、地域独占の電力会社以外の電気事業者（ＰＰＳ＝特定規模電気事業者）からも電気を購入することができます。

しかし、残念ながら、自由化の対象になっている65％の需要家のうち、実際にＰＰＳと契約しているのは２％にすぎません。電力取引を行なうために２００３年に設立された日本卸電力取引所（ＪＥＰＸ）でも、実際に取引されているのは小売市場全体のわずか０・６％（２０１０年度実績）。ほとんど使われていないのが現状です。

その原因は、**電力会社とＰＰＳの間で自由で対等な競争を行なう条件ができていないことに**あります。現状の自由化は「ルールなき自由化」で、ＰＰＳの新規参入自体が困難だということです。

理由は２つあります。

１つ目は、電力会社の価格決定の不透明さです。

たとえば、ＰＰＳが電力会社よりも低い単価で需要家との契約交渉をまとめたとしても、電力会社がさらに低い単価でひっくり返すことができます。電力会社は利益を度外視した料金設定をできるのです。背景には、彼らが大口需要向け市場で「自由な」競争を行なう一方で、家庭向けなどの50ｋＷ以下の需要（「規制部門」）では市場独占を認められているという構造があります。最近明らかになったところによると、電力会社は利益の70％を、販売量では40％にすぎない規制部門から得ています。東電では利益の90％が規制部門からのものです。

つまり、大口需要家には利益度外視の安売りをして、恣意的に価格設定をできる家庭用電力の消費者にそのコストを肩代わりさせているという、いびつな収益構造があるわけです。これでは、電力会社とＰＰＳがフェアな競争ができるわけがありません。

図②　託送料金の日米比較

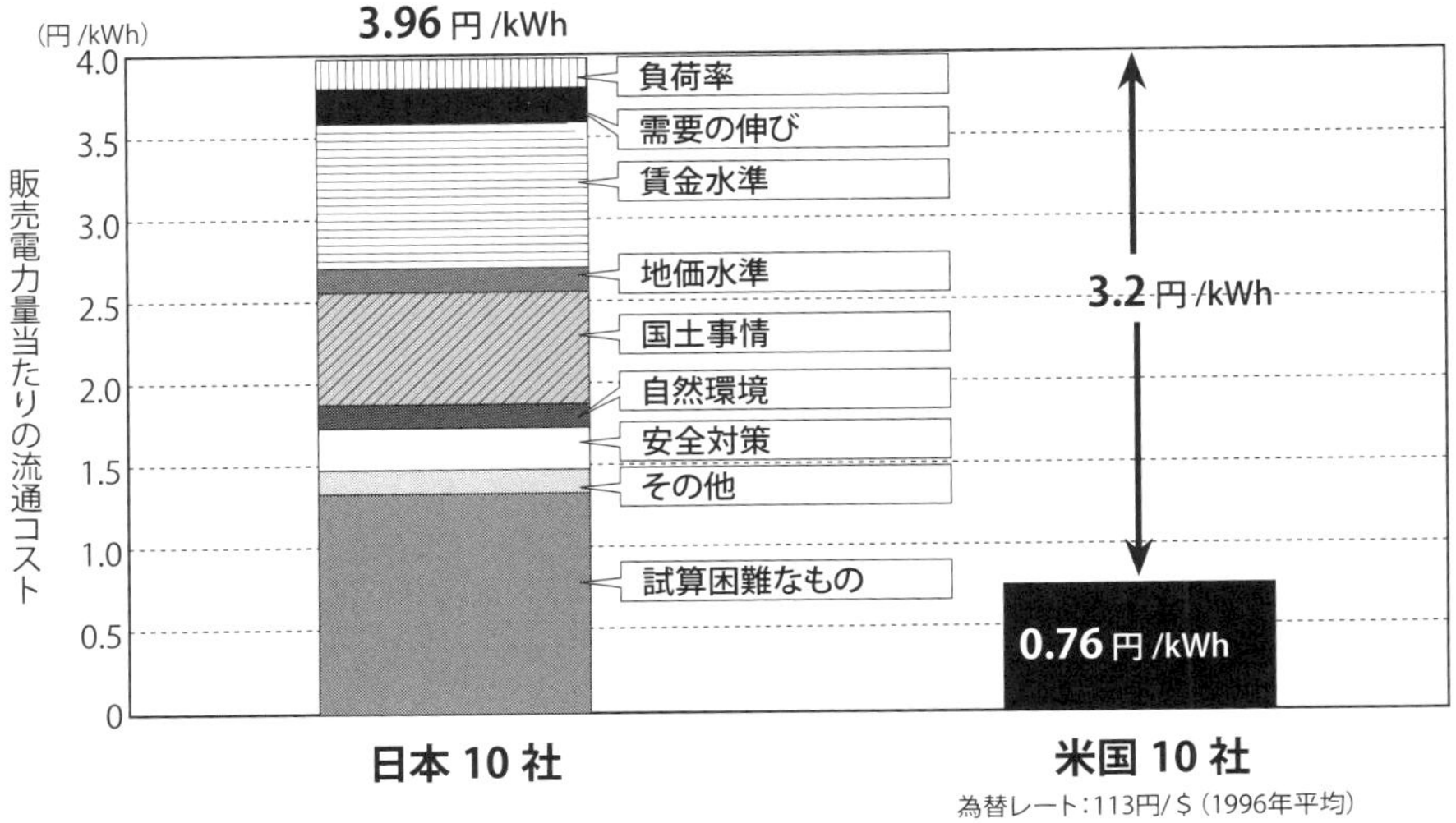

出典：総合資源エネルギー調査会基本問題委員会資料（2012 年 2 月 14 日エネット資料）

２つ目は、電力会社とＰＰＳの両方から同時に電気を買うことができないシステムの問題です。大きな発電所を所有するにはコストも時間もかかるため、現状ではＰＰＳの供給能力には限界があります。そうなると、工場などの需要家にしてみれば、安定供給を考えて電力会社を選ぶほうが無難だということになります。双方から買うことができれば、ベース電力は従来の電力会社、変動する部分の電力はＰＰＳでという住み分けができるようになり、ＰＰＳは大きく伸張することができるはずです。

ＰＰＳを苦しめる「託送料金」と「インバランス料金」

こうしたアンフェアな電力市場に加えて、ＰＰＳの健全な経営を困難にしている大きな障壁が「託送料金」と「インバランス料金」です。

「託送料金」とは送電線の使用料のことです。送電線は電力会社の所有物なので、ＰＰＳはその使用料を電力会社に払わなければなりません。結局、電力会社より低いコストで電気をつくっても、託送料金分を価格に上乗せしなければならず、その分、競争力が低下してしまいます。

実際、日本の託送料金は、欧米諸国より割高に設

図③　東京電力のインバランス料金

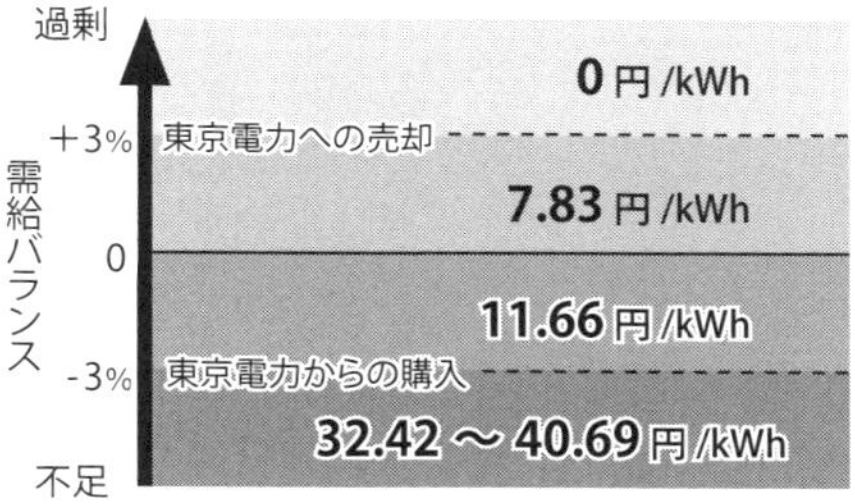

出典：総合資源エネルギー調査会基本問題委員会（2012年2月14日エネット資料）

定されています（図②）。

電力会社も自分で送電網を建設してコストをかけており、それが原価に含まれることを思えば、託送料金を払うＰＰＳと結果的には対等なのではないかと思われるかもしれません。しかし、電力会社が送電コストをどのように処理しているかについての情報は十分に公開されていないのです。つまり、本来は高圧契約の大口需要家を対象とする自由化部門の原価に含めなければならない送電線の建設費用や修繕費用などの大部分を、低圧契約つまり家庭向けなどの規制部門にまわして、ＰＰＳとの競争力を確保しているかもしれないわけです。

ＰＰＳにとって、もっと厳しいのは「インバランス料金」です。

これは簡単にいうと罰金です。ＰＰＳは電力会社との間で送電線への送電量を事前に契約し、その契約通りの送電を行なうことを求められます。そして守れなかったときは電力会社にインバランス料金を払わなくてはならないのです。

ＰＰＳと電力会社の契約は、30分単位で送電量を定めることになっています。これは「30分同時同量」と呼ばれており、許容される誤差範囲はプラスマイナス３％です。この誤差範囲を超えて送電量が不足すると、最大で40円／ｋＷｈを超えるようなインバランス料金（罰金）を取られるのです（図③）。

ＰＰＳにとって、インバランス料金をゼロにすることは困難です。ましてや風力や太陽のように変動する自然エネルギーであれば、インバランス料金が適用されることはもっと増えてしまうでしょう。

結局、このＰＰＳへの「30分同時同量」という規定は、自然エネルギーの締め出し規定となっているのです。風力発電は常に変動する発電方法ですし、太陽光発電も1日の日照状況によって変化する発電方法ですから、「30分同時同量」を単独で満たすことは不可能です。そのため、ＰＰＳにはそれをカバーできる規模の、別の発電所を持つことが必須となってしまいます。その結果、ＰＰＳにおける風力発電や太陽光発電の比率は一定割合を超えることはできず、多くの自然エネルギー発電を保有することができません。日本の電力供給に占める自然エネルギーの割合が海外に比べて極端に低い理由の1つがこのシステムにあると思われます。

しかし、「同時同量」への責任をPPSに負わせることは、本当はおかしなことです。

電力会社は、給電指令というシステムによって、需要側の変動に合わせて供給量を調整し、送電網全体として「同時同量」をはかっています。需要の変動に合わせての供給調整が可能であれば、供給側の変動に合わせての調整も可能なはずです。自然エネルギーの変動についても、給電指令がほかの供給の調整によって送電網側で吸収することは可能ですし、実際、欧米ではそのようにしています。

インバランス料金は、電力会社で行なっている給電指令機能をPPS側に二重に求めるものだといえます。結果的にPPSは自ら送電のコントロールという追加コストをかけ、さらにばあいによってはインバランス料金の追加支払いという負担をかけさせられているのです。

「風車いじめ」の送電線接続ルール

自然エネルギーの発電事業者が送電網を使用するうえでは、これに加えて送電線への接続にも制約をかけられています。

発電設備を送電線につなぐことを「系統連系」といいますが、欧米では自然エネルギーの電気は必ず優先的に系統連系しなければならないという「優先接続」という考え方が基本的に確立しており、法律によっても担保されています。

ところが日本では、送電網につないでもらえるかどうかは、送電網の所有者である電力会社の任意の判断に委ねられています。いろいろ理由をつけて連系させてもらえないということも多いのです。

たとえば、驚くべきことですが、風力発電の「抽選」という行為がまかり通っています。「抽選」は北海道電力はじめ7つの電力会社で実施されています。風力発電からの電気は出力が変動するために送電網には受け入れにくいとの理由で、まず送電網への受入上限である受入可能量を定め、毎年その枠内で少しずつ抽選枠を決め、連系を希望する風力発電事業者を対象に、くじ引きによる「抽選」を実施しているのです。

図④　電力会社管内ごとの風力発電導入量と受け入れ上限

東京、中部、関西電力は受け入れ可能量の設定をしていない

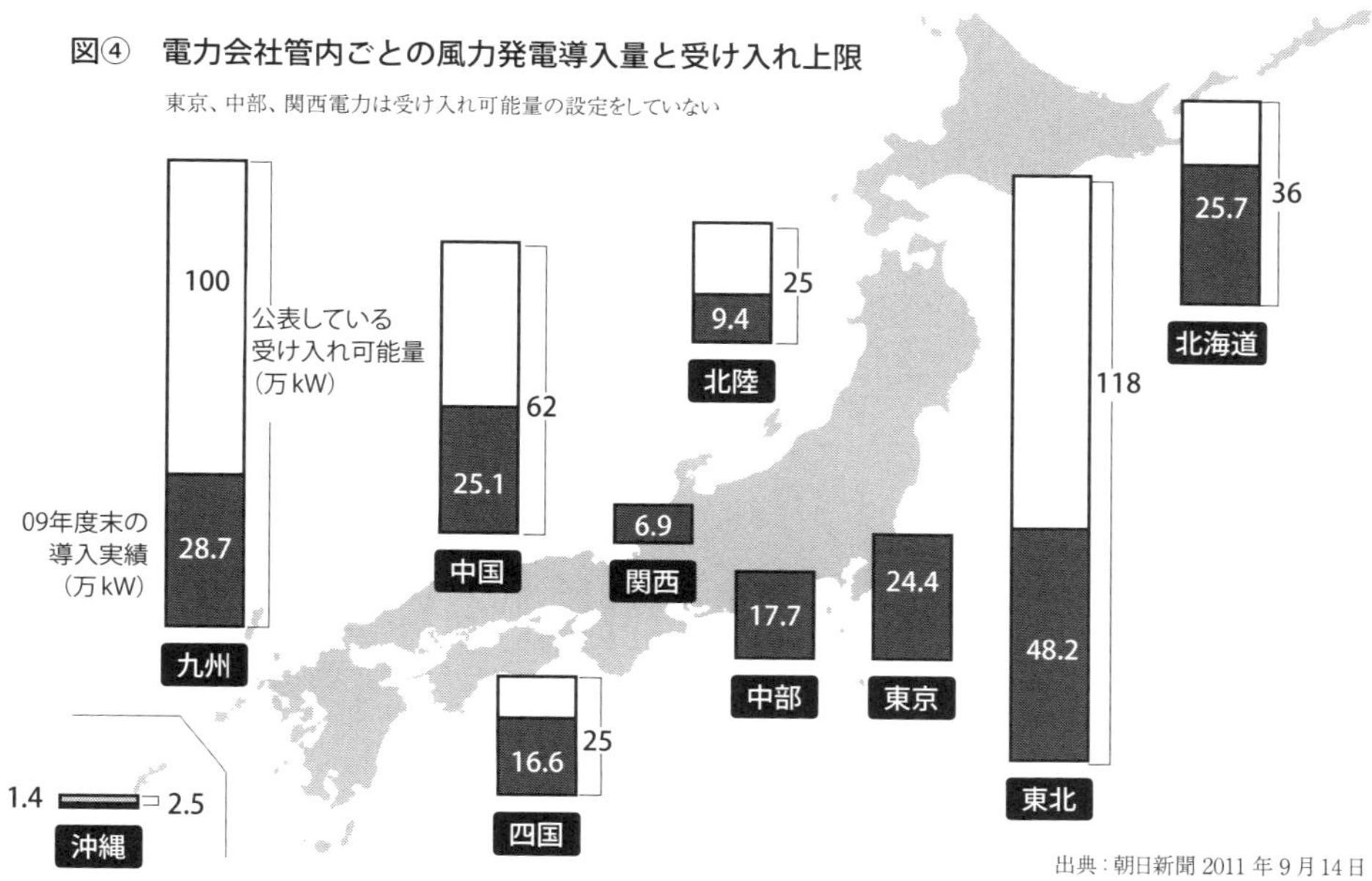

出典：朝日新聞 2011年9月14日

図④を見ると、風力発電の導入ポテンシャルの最も大きい北海道電力の受入可能量が極端に少なくないのがわかります。北海道電力管内の最大電力は５２９万ｋＷですから、36万ｋＷというとその６・８％にあたります。電力各社は送電網への風力発電の受け入れは５％から６％しかできないという主張をしているのです。

東北電力は受入可能量が１１８万ｋＷ。最大電力１４５５万ｋＷの８％以上と高い比率になっていますが、これには「解列」という、「抽選」以外の、もう１つのからくりがあります。「解列」とは、送電線から発電設備を切り離すことです。つまり、電力需要が小さくなる夜間には風力発電を切り離すことを条件に、送電網への接続を認めているのです。

風力発電は「解列」を受け入れることによって発電量の４分の1を失うといいます。風は電力会社の事情にはまったく関係なく吹いていますから、解列時間帯にもっとも発電に適した風が吹いているかもしれないのに、送電線から外されてしまう。それでは採算が合うわけがありません。

東北電力では、これとは別に蓄電池の設置を条件に入札することもあります。「30分同時同量」の条

件を満たすために、発電した電気を一度蓄電池に貯めて、蓄電池から送電線に一定量で流せということです。それならば解列しなくてもよいというわけです。ある風力発電事業者が、この条件をクリアするために風車1つひとつに蓄電池を設置しました。その結果、風車の建設コストは2倍に跳ね上がりました。風車はいまも回ってはいますが、会社そのものは事実上の経営破綻となりました。

　このように、電力会社が風力発電を送電網に接続することを認めるためのルールは、ほとんど「風車いじめ」に等しいものです。

　もう1つの大きな問題は、「系統連系費用」です。これは風力発電だけではなくすべての自然エネルギーに課せられている不利益です。

　系統連系を行なうためには、送電網と自然エネルギー発電設備の間に送電線を設置しなければなりません。「優先接続」が義務づけられている欧米では、この費用は送電会社負担となります。ところが日本では、送電網の所有者である電力会社は負担しないことになっています。このため、系統連系の費用負担が自然エネルギーの発電者側にズシリとのしかかっているのです。

　風力発電は、たいていは人里離れた海岸や岬、山中に設置されます。風力発電の設置者は、接続が可能な、ある程度容量の大きな送電線がある場所まで、自分で枝線を引っ張らなければならないのです。その費用たるや1km1億円などといわれていて、日本の自然エネルギーが海外よりも高くつく大きな要因となっています。

　枝線を何kmか引っ張ってくるための「系統連系費用」は、メガソーラーのような大規模太陽光発電でも小水力発電でも同じです。これでは小規模な発電事業者は送電線にアクセスするなというのに等しいのです。「送電線の開放」は、どんな発電者でも自由に送電線にアクセスできるということでなければならないと思います。であるならば、各発電所からの連系費用は送電側の負担とされるべきです。

自然エネルギーの変動は調整が可能

　このように、送電網の管理を握っている電力会社は、送電線への自然エネルギーの受け入れを必要以上に拒んでいます。

　自然エネルギーによる発電は、さまざまな形で自然現象に左右されます。風力発電は風の強弱変化、太陽光発電は夏冬の河川量の変動などに影響されます。太陽光発電には夜の発電はできないという大きな特徴もあります。地熱やバイオマス発電は、比較的安定的に発電し電力供給することができますが、自然エネルギーによる電気の大部分を占めるであろう風力発電や太陽光発電は、自然現象による変動の影響を大きく受けます。

しかし、ほかの電源設備と組み合わせることで、自然エネルギーの変動を刻々と把握しながら、それをおり込んで給電指令を行なうことは難しいことではありません。実際に欧米ではそうした運用が行なわれています。

風力発電は風の強さによって変動しますが、その変動範囲は一定です。しかも施設の数が増えるほど変動は平均化されるので、変動の傾向もつかみやすいといえます。全発電設備容量の20％まで風力発電になっているスペインでは、全体の電力消費量が下がるときには相対的に風力発電の供給量が大きくなり、２０１２年３月には供給量の40・８％まで風力発電の電気になりました。３月23日の朝方には35％を数時間にわたって超えています。しかし、このときスペインでは何のトラブルも起きていません。

太陽光発電は夜に発電できませんが、いうまでもなくこれは予測できる変動です。逆に夏の電力ピーク時には必ず日照も強くなって発電量が増大します。小水力発電は一般的に春は水量が多く、夏場には渇水傾向になります。これも1年を通した供給量の傾向が決まったパターンで出てきます。給電指令所はそのような特徴を把握した上で、それをいかした発電設備の組み合せをすればよいのです。

発電量が変動するという理由で自然エネルギーを嫌う日本の電力会社が、変動しないから頼もしいと宣伝しているのが、ご存知のとおり、原子力発電所です。しかし原発の発電量が変動しないというのは、裏を返せば需要の変化に即応する調整運転ができないということです。

巨大なくせに調整運転ができない原子力発電所を大量にかかえる電力各社は、今では電力消費が少ない季節の夜に過剰に生産される電力をもてあまして苦労しています。その対処のために揚水発電所が全国に設置されましたが、年間稼働率は３％程度です。原子力発電所の比率をそこそこに押さえておけばまったく必要なかった施設です。じつはこれ以外にも、多くの火力発電所が原子力発電所のバックアップとして待機させられています。比較的新しい火力発電所だけを動かし、少し古くなった発電所を廃止もせずに「休止」というかたちで寝かせているのです。

　こうしたやり方を進めてきた結果、日本の発電設備容量は過去最大のピーク電力需要（１・８億ｋＷ）を１億ｋＷも上回る２・８億ｋＷになりました。必要な量の１５０％以上の発電設備を保有するというのは、世界でも例がないほどの過剰設備状態なので、原発の約５０００万ｋＷが消えてなくなっても電力供給に支障はありません。原発再稼働にかこつけて、電気が足りないというのは明らかな嘘なのです。

地域独占の問題

　これまでみてきたように、電力の部分的自由化と自然エネルギーをめぐる制度的な問題点を検証すると、問題の根源は、送電網を既存の電力会社が保有し、その運用ルールも電力会社が勝手に決めることが許されていることにあるといえそうです。

　電力の自由化とは、単に売買の自由化ではなく「送電網の自由化」でなければ意味がないのです。ここに、送電網を電力会社から切り離す「発送電分離」の必要性が見えてきます。

　発送電分離によって、公共財として開放された送電網が実現し、ＰＰＳや自然エネルギー発電事業者への不公正な障壁が取り去られ、これに固定価格買取制度（ＦＩＴ）の適切な運用が組み合わされれば、日本でも自然エネルギーによる発電事業は今よりもずっと拡大することでしょう。

　しかし、日本の風土がもつ自然エネルギーのポテンシャルを最大限に引き出し、導入を飛躍的に伸張させるには、それでも充分とはいえません。現在、地域独占の電力各社によって囲い込まれているそれぞれの地域の送電網を、全国単一の送電網へと統合することが必要です。電力会社が自然エネルギーを拒否する口実が、発電量の変動にあることは説明してきましたが、この変動の問題が送電網の統合で解決するからです。

　自然エネルギーが大規模に導入されてきた欧州では、国境を越えて送電網がネットワークされています。北欧から中部のドイツ、南西部のスペインまで、１つの送電網で結ばれているのです。このように送電網の規模が大きければ、それだけ各電源の発電量の変動を吸収することが可能になり、変動の大きい自然エネルギーの導入が容易になります。変動の振れ方が平均化によってなだらかになるからです。ある地域の風力発電が天候によって発電量が低下しているときでも、違う地域では風車が猛烈に回転しているといった状況をイメージしていただければわかりやすいかと思います。

こうした送電網のネットワークは、送電網が開放されているからこそ可能なのです。一方、日本では、送電網も電力会社が囲い込んでいるために、エリアごとに切り離されています。風力発電や地熱発電などの自然エネルギーは北海道や九州、東北が適地です。ところが、その管内の電力会社は需要が少なく自然エネルギーを受け入れる余力が小さいため、導入が非常に低く抑えられています。しかし日本全体が１つの送電網となれば、北海道から東京、九州から東京という送電も可能となり、日本全体で自然エネルギーを受け入れる容量が大きくなります。

そして、技術や設備の次元でいえば、それはすぐにでも可能です。

地域間の「連系」で自然エネルギー導入は広がる

日本では、電力会社同士が電気を融通しあえるよう、それぞれの電力会社の送電網は「連系線」で結ばれています。つなぐ場所を「開閉所」といいますが、ふだんは閉まっています。電気の融通は、基本的に電力不足が生じたときにかぎられています。

その連系線の存在と、相互に融通しあえる電力量を示したものが図⑤です。送電線に通すことができる電気の量を「定格容量」といいます。これを見ると、東北電力と東京電力の連系線の定格容量は６００万ｋＷもありますが、北海道電力と東北電力の連系線（北本線）は６０万ｋＷしかありません。これを増強して６００万ｋＷにすれば、北海道でつくった電気をそのまま需要の大きい東京に送電することができることになります。

電力各社が、風力発電の受入可能量をその管内の最大電力の６％以内に抑えてきたことは先に説明しました。しかし、電気の周波数が同じ50ヘルツである北海道、東北、東京電力が、連系線を常時接続して１つの送電網を形成すれば、その最大電力は合計で８１３４万ｋＷとなります。電力会社のいう受入可能量６％を前提にしても、４８８万ｋＷの風力が難なく接続できるようになるのです。これだけでも、北海道・東北の風力発電の拡大に大きな可能性

図⑤　会社間連系線の整備状況および連系線の運用容量

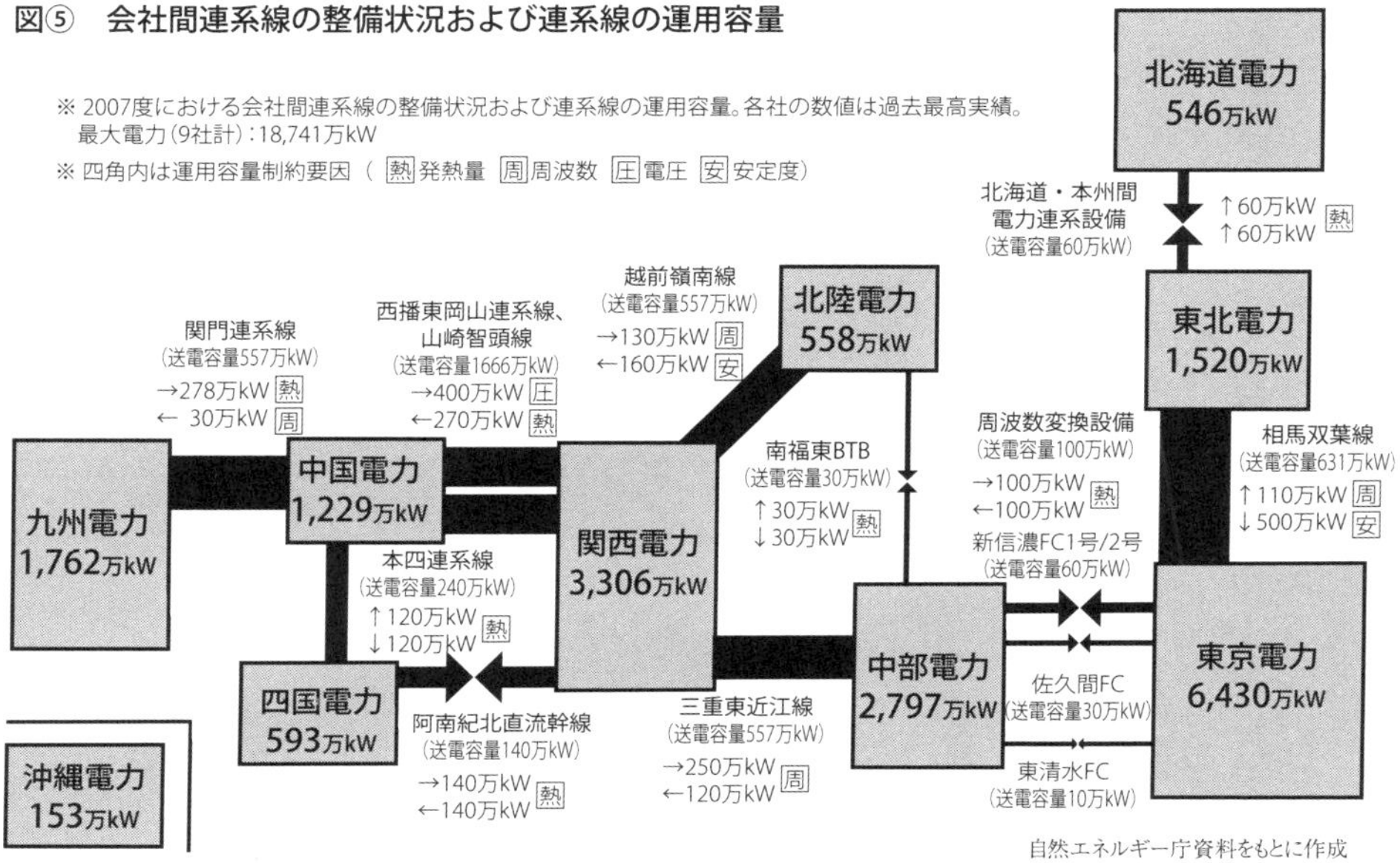

※ 2007度における会社間連系線の整備状況および連系線の運用容量。各社の数値は過去最高実績。
最大電力（9社計）：18,741万kW
※ 四角内は運用容量制約要因（ 熱 発熱量 周 周波数 圧 電圧 安 安定度）

自然エネルギー庁資料をもとに作成

が開かれることになります。

実際には、欧米では送電容量の20％程度が風力になっているので、日本の電力会社が送電網を運用する技術力を欧米レベルまで高めることができれば、１６２６万ｋＷの風車をつなげることも可能です。これは、２０００ｋＷの風車で８１３０本、現在の日本の風力発電の設備容量の５倍以上になります。

発送電分離から、開かれた全国送電網へ。これによって、日本は自然エネルギー大国へと生まれ変わる「チャンス」が切り開かれます。

自然エネルギーを日本で普及させていくためには、単に発送電分離が実現しても、期待の「固定価格買取制度」ができても、個人消費者までの電力自由化がなっても、まだ不十分です。カギは誰が送電線を握るのかにあるのです。

新たな送電網の管理者が従来と同じように「自然エネルギー排除」の考え方を持っていたら、何も変わりません。ＰＰＳに対する「30分同時同量」という規定を廃止し、送電網の地域間連系を強化し、自然エネルギーの「優先接続」を保証し、個別の系統連系費用を送電網コストに組み込むなどの運用レベルでの改革を行なわせることが不可欠なのです。

コラム４

自然エネルギー開発の「ルール化」は緊急課題

固定価格買取制度が始まる

２０１２年7月から固定価格買取制度がスタートしました。「電気事業者による再生可能エネルギー電気の調達に関する特別措置法」に基づくもので、調達価格等算定委員会で、自然エネルギーの電気の買取価格の審議が行なわれてきました。

２０１２年4月27日の調達価格等算定委員会で委員会算定案が示されました（表①、表②）。これによれば、メガソーラーのような大型太陽光発電は42円／ｋＷｈで20年間、大型風力は23・1円／ｋＷｈで20年間、事業用地熱発電は27・３円／ｋＷｈで15年、１０００ｋＷ以上の小水力発電は25・２円／ｋＷｈで20年、いずれも想定されていたよりも高い価格でした。

バイオマスは少し複雑で7種類５区分の価格体系となりました。買取期間はすべて20年です。下水汚泥と家畜糞尿のガス化発電は破格の40・95円／ｋＷｈ、建築廃材の木質チップなどに該当するリサイクル木燃焼は13・65円／ｋＷｈと低価格でした。未利用木材が33・６円／ｋＷｈ、一般木材が25・２円／ｋＷｈとなっており、間伐材などがまるごとエネルギー利用にまわされたり、輸入材が国内の建築廃材よりも活用されたりという問題が発生することが懸念されます。

バイオマス価格には問題が多いのですが、総じて買取価格は高く、自然エネルギーの発電所開発は一気に進む可能性があります。

自然エネルギー発電所立地のルール

固定価格買取制度の先輩の欧州、とくにドイツでは、自然エネルギー発電所を立地する際のルールがつくられています。発電所開発には必ず地元の人が中心的に参加していなければなりません。それは、地元への利益の還元やそこに暮らす人たちの環境への配慮が事業計画に反映されなければならないという考えからです。

たとえば、風力発電でいうと、人が住んでいる場所から1キロは離すこと、野鳥の通り道には建てないこと、景観については地元合意があることなどがルール化される必要があります。残念ながら、こういったルールづくりを議論しているドイツ

コラム4

のような審議会は、いまの日本に存在しません。

日本のばあいは、これまでの風力発電開発で低周波騒音や景観の問題など、数々の地元とのトラブルを引き起こしています。そのことへの検証と反省がないまま、固定価格買取制度が動き出すことについて大きな懸念があります。固定価格買取制度は、電気の売り手である発電者に大きなメリットをもたらしますが、東京の商社や、不動産会社のばあいは、地元の人びとにはメリットがほぼ還元されません。

地方自治体のなかには、自然エネルギー開発を担当するセクションをもっているところはほとんどありません。あっても事業計画をつくる側ばかりです。今後は、開発に乗り出す事業者と、そこに土地を提供しようとする地権者と、それによって影響を受ける周辺の住民、いろいろなステークホルダーの間に立って、それぞれが納得することを進めるコーディネーターの役割が求められるのではないかと思います。（竹村英明）

表① 太陽光、風力、地熱、小水力の買取価格

電源		太陽光		風力		地熱		中小水力		
調達区分		10kW以上	10kW未満（余剰買取）	20kW以上	20kW未満	1.5万kW以上	1.5万kW未満	1,000kW以上 30,000kW未満	200kW以上 1,000kW未満	200kW未満
費用	建設費	32.5 万円/kW	46.6 万円/kW	30 万円/kW	125 万円/kW	79 万円/kW	123 万円/kW	85 万円/kW	80 万円/kW	100 万円/kW
	運転維持費（1年あたり）	10 千円/kW	4.7 千円/kW	6 千円/kW	——	33 千円/kW	48 千円/kW	9.5 千円/kW	69 千円/kW	75 千円/kW
IRR		税前6%	税前3.2%	税前8%	税前1.8%	税前13%		税前7%	税前7%	
調達価格 1kWh当たり	税込	**42円**	**42円**	**23.1円**	**57.75円**	**27.3円**	**42円**	**25.2円**	**30.45円**	**35.7円**
	税抜	40円	42円	22円	55円	26円	40円	24円	29円	34円
調達期間		20年	10年	20年		15年		20年		

2012年4月27日、経済産業省第7回調達価格等算定委員会資料

表② バイオマスの買取価格

電源		バイオマス						
バイオマスの種類		ガス化（下水汚泥）	ガス化（家畜糞尿）	固形燃料燃焼（未利用木材）	固形燃料燃焼（一般木材）	固形燃料燃焼（一般廃棄物）	固形燃料燃焼（下水汚泥）	固形燃料燃焼（リサイクル木材）
費用	建設費	392 万円/kW		41 万円/kW	41 万円/kW	31 万円/kW		35 万円/kW
	運転維持費（1年あたり）	184 千円/kW		27 千円/kW	27 千円/kW	22 千円/kW		27 千円/kW
IRR		税前1%		税前8%	税前4%	税前4%		税前4%
調達価格 1kWh当たり	調達区分	メタン発酵ガス化バイオマス		未利用木材	一般木材（含パーム椰子殻）	廃棄物系バイオマス（木質以外）		リサイクル木材
	税込	**40.95円**		**33.6円**	**25.2円**	**17.85円**		**13.65円**
	税抜	39円		32円	24円	17円		13円
調達期間		20年						

同上

第5章

環境と子どもにやさしい電力会社をつくった ドイツ・シェーナウの住民たち

及川斉志（自然エネルギー社会をめざすネットワーク共同代表）

チェルノブイリの衝撃から始まった「親の会」

福島原発事故を機に、ドイツは２０２２年までに国内の原発をすべて停止するよう決めました。ドイツ住民の原発に対する不信感はとても強く、各地でひんぱんに数万人規模の反原発デモが行なわれています。

この章では、そんなシェーナウという町で起こった住民運動を紹介します。チェルノブイリ原発事故の後、子どもたちの未来を心配して活動を始めた村民が、ユーモアあふれるスタイルで住民運動を展開し、ついには自然エネルギーによる電力供給会社を自らつくってしまいました。この過程を描いた『シェーナウの想い――自然エネルギー社会を子どもたちに』（２００８年）という映画をご覧いただくと当時の雰囲気を肌で感じることができます。

１９８６年4月26日に起きたチェルノブイリ原発事故の放射性物質は、１６００km も離れたドイツ南部のシェーナウにも到達しました。シェーナウから北へ約30kmにあるシャウインスランドの観測所では、5月3日ごろに放射線量が最高で毎時約０・28マイクロシーベルトにまで上昇しました（平均値約０・１マイクロシーベルト）。バーデン・ヴュルテンベルク州では、露地栽培の野菜が市場に出回らないように警察が差し押さえ、スーパーマーケットからはチェルノブイリ前に仕入れた牛乳がどんどん姿を消していきました。

放射線に関する情報が天気予報のようにひんぱんにテレビや、新聞、雑誌に登場するようになりました。こうして、それまで原発について真剣に考えたことがなかった人たちも、原発に強い危機感を肌で感じることになったのです。

シェーナウに住むドレッシャー夫妻も放射能の不気味な脅威を日々感じていました。彼らは何かをしようと決意し、市の広報紙に公告を出しました。

「チェルノブイリ原発事故後、子どもや孫たちの未来が心配な人へ。何かしたいけどどうしたらいいのかわからない人へ。これ以上放射能や化学物質の脅威を見過ごせないという仲間を私たちは探しています！　ザビーネとヴォルフ・ディーター・ドレッシャー」

こうして小さなグループ「原発に反対する親の会」が誕生し、毎週のように集まって、放射能に不安を持つ親たちの意見交換を始めました。さらに街中にテントを立てて、放射線や原発についての情報を発信したり、講演会を催したりしました。

しかし、１９８６年の年末になるとドイツ各地でできた住民グループの多くが解散していきます。「原発に反対する親の会」も活発さが薄れますが、「チェルノブイリを忘れ去ってはならない」という強い思いから、ドレッシャー夫妻とスラーデック夫妻を中心に活動が継続されることになり、会の名前も、何かに反対するよりも何かのために活動したい、という思いから１９８７年5月、「原発のない未来のための親の会」（以下親の会）と改めました。

会の目的を「環境保護と健康のために、原子力の利用を即座に断念することを可能にする方策を支援し、実行に移す」とし、エネルギーの節約の推進と、節電による経済的な倹約、そして地域分散型の発電を推進することに取り組みました。

自分たちで何とかしていこうという自立の精神をもって、政治的な活動にも進出していくことになります。この一歩は他の住民グループが踏み出せなかった重要な一歩でした。

設立当時、会の理事長を務めた、5人の子どもの母親でもあるウルズラ・スラーデックさんは言います。「チェルノブイリ原発事故後、政府が何もしなかったことに対する不満が当時のモチベーションでした。当時の社会は何も変わらなかったのです。そうした不満は十分に私たちの原動力になりました」

彼らは、政治の場に強く要求を訴えていくと同時に、１つひとつ、地道な成功例をつくっていこうとしました。際立っているのは、彼らは脱原発という

シェーナウの地図

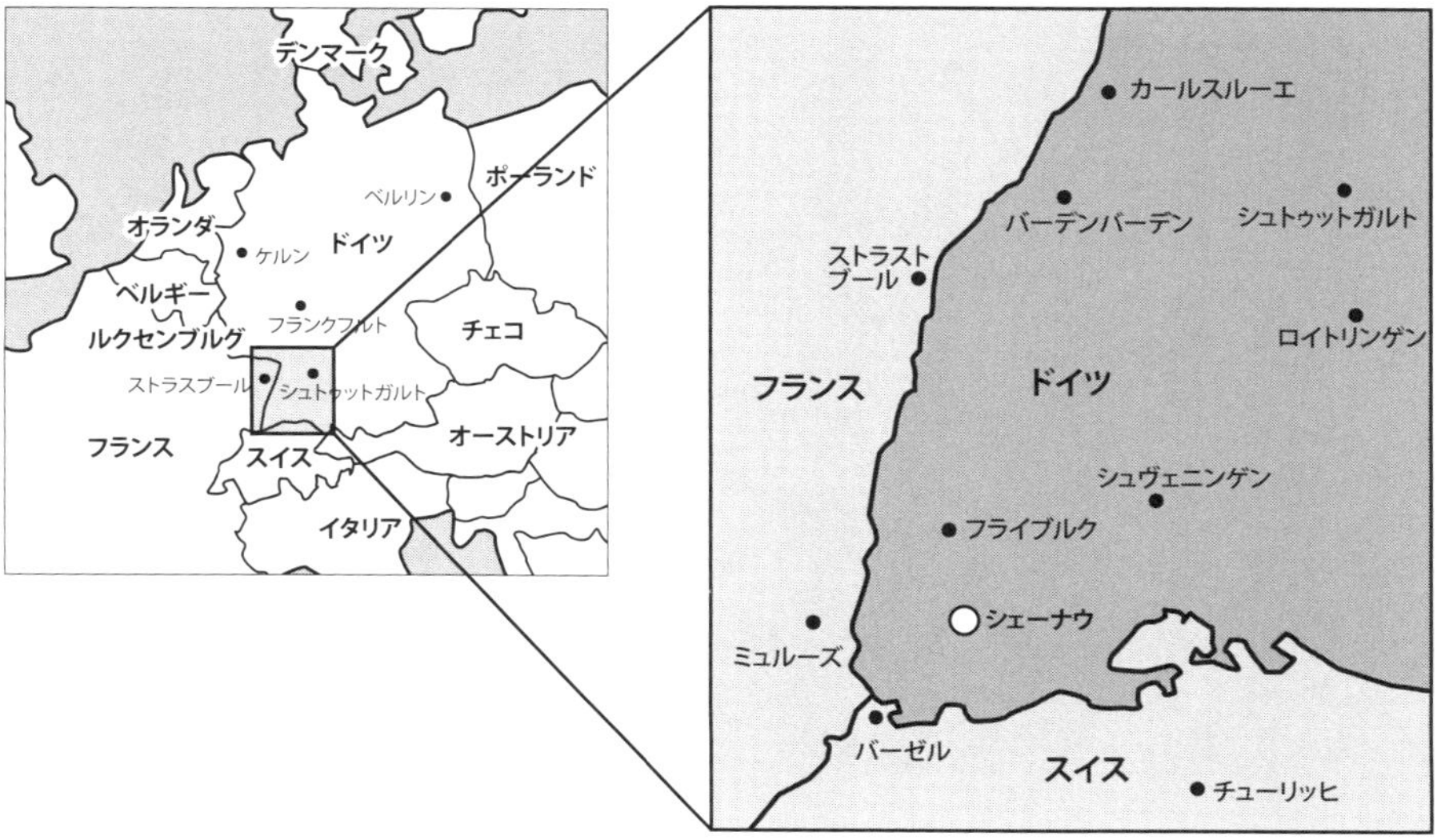

活動も明るくやってきたということです。ウルズラ・スラーデックさんはこうもいっています。「大きな目標だけでなく、小さな目標を立て、一歩ずつ進んでいくことが大切です。そして、１つ目標を達成したら、みんなでお祝いをするんです」

豊かな自然に囲まれたシェーナウ市

バーデン・ヴュルテンベルグ州レーラッハ郡シェーナウ市は、ドイツの南西部に広がる黒い森（シュヴァルツヴァルト）の山あいにたたずむ、人口約２４００人のごく普通の小さな町です（地図）。シェーナウ市はこの規模の自治体としては珍しく、市としての権限を与えられているだけでなく、区裁判所、公証人役場、病院もあります。19世紀以来シェーナウは紡績とブラシ製造が盛んでした。紡績は戦後衰えましたが、歯ブラシ、靴用ブラシ、機械用ブラシなどを生産しているブラシ工場は現在もシェーナウの重要な産業です。

黒い森の豊かな自然に囲まれたシェーナウ市は、その面積の約80％が森で覆われています。市の中心部は標高５２７メートルの高さにあり、山の高いところでは１３００メートルまで達します。この地域

写真①　シェーナウ市の遠景

は保養地としても親しまれている景色の素晴らしい地で、環境首都と呼ばれるフライブルク市からも車で緑豊かな風景を楽しみながら気軽に訪れることができる距離にあります（写真①）。

この地方では、70年代初めからいくつかの原発建設計画がもち上がりましたが、住民によって阻止されてきました。いちばん近くにある原発はフランス・アルザス地方に面したライン川沿いに建つヘッセンハイム原発で、シェーナウから約30kmのところにあります。

親の会、電力会社に物申す

1988年、「親の会」はシェーナウ市で節電キャンペーンを始めました。脱原発を望むのなら、原発で発電された分の電力を節電するか、もしくはほかの方法で発電するべきだと訴えたのです。ウルズラ・スラーデックさんは節電についてこう言います。「いちばん環境にやさしい電力は、生産されない電力だから」。このキャンペーンには、住民の間にエネルギーについての議論の活発化を促すねらいもありました。

キャンペーンの参加者は平均約20％もの節電に成

功しました。親の会は、節電キャンペーンのほかにも、エネルギーを浪費する車の過剰な利用に向き合うために、車の相乗りを仲介する「相乗りセンター」をつくりました。イベントでは、メンバーが結成した風刺音楽バンド「ワットキラー」の演奏が参加者を楽しませました。

　チェルノブイリ周辺の子どもたちを支援する運動も始め、１９９３年にはウクライナの首都キエフ市から20人の子どもたちをシェーナウに招待しました。ザビーネ・ドレッシャーさんは言います。

「私たちはあなたたちの味方よ、あなたたちのことを想っているわ、あなたたちは世界から忘れ去られたりなんかしない。そう子どもたちに伝えなければと思いました」。

　節電キャンペーンのなかで、親の会は地域のエネルギーの転換が必要だという認識を広げていきました。そのうえで彼らは、当時シェーナウ市の電力供給会社であったラインフェルデン電力（ＫＷＲ）に以下の３つの要求を出します。

・原発への関与（原発への出資と原発からの電力の買い取り）をやめること
・節電を促す料金体系を設定すること
・小型コジェネレーション装置からの電力買い取り価格の引き上げをすること

　コジェネレーションシステムとは、発電と同時にその過程で発生する廃熱を利用するものです。小型コジェネ装置は、家庭やホテル、地域熱供給などで使われています。ほかの発電装置では捨てられる廃熱を利用することから、非常にエネルギー効率が高いのです。冬の熱需要の多いドイツで、非常に効果的に地域分散型のエネルギー供給をするので、温暖化対策にも貢献します。親の会は、原発からの撤退とともに、地域のコジェネ装置の活用や節電によって、環境にやさしい電力供給を実現することを求めたわけです。

　しかし、ＫＷＲは彼らを冷たくあしらうだけでした。彼らはこの地域の電力供給を独占しており、強い立場にありました。

　ドイツでは、電気やガスなどのエネルギー供給は、自治体による公共サービスとして基本法（憲法）に位置づけられています。自治体はエネルギー公社を設立して自ら地域での供給にあたるか、私企業である電力供給会社と認可契約を結んでこれに委ねるかを決めなくてはなりません。認可契約を結んだ供給会社は、20年を上限とする一定期間（たいていは20年）、自治体の電力網を買い取って運営します。電力自由化以前は、エネルギー公社を持たない自治体では、それは地域独占の電力会社の役割であり、ＫＷＲもそうした会社のひとつでした。

　ＫＷＲは南バーデン地方の住民約25万人に電力を供給する、ドイツでは比較的小さな地域独占の電力供給会社です。ライン川にいくつかの大きな水力発電施設を所有し、スイスとの国境にあるラインフェルデン市に本拠地があります。

　ＫＷＲはエレクトロワット電力会社（後にワット株式会社）という、原発にも出資するスイスの電力会社の子会社でした。ＫＷＲの供給する電力は60％が水力発電、35％が原発（自社で発電している電力は約25％、そのうち99・9％は水力発電による）から構成されていました。

　ＫＷＲに要求を無視された親の会でしたが、そのことは逆に彼らを奮い立たせました。その後、彼らは自分たちの要求を実現するエネルギー政策を求めて、州レベル、国レベルでの政治的な活動をすることになります。彼らが求めるのは、節電や自然エネルギーからの電力買い取りの促進であり、エネルギー経済法の改正でした。

　エネルギー経済法はもともと、ナチスドイツ時代の１９３５年に、戦時体制を支えるためにつくられた法律です。その序文には「エネルギー供給はできるだけ確実にそして低コストで行ない、市場競争による国民経済に与える損失を避ける」とあります。これにより、ドイツでは独占企業とそれによる中央集中型のエネルギー供給が認められていたのです。その結果、大手の八大電力会社が発電と送電事業のほとんどを独占し、地域での供給についても、各地の供給会社が独占を行なっていました。

「電力網を買い取る会」を設立する

　１９９０年8月、ＫＷＲはシェーナウ市にとって魅力的な提案をもちかけます。

　シェーナウ市とＫＷＲの契約期間は20年で、この時点ではまだ4年残っていたのですが、彼らは、91年から20年間の新しい契約を前倒しで結ぶのなら、94年までの4年間、認可契約料に毎年２万３３００マルク（約１１０万円）を上乗せして市に提供するというのです。

　認可契約料とは、電力供給会社が自治体に支払う料金で、電線の設置やその他の必要な設備の設置で使われている敷地の使用に関する料金として、自治体の貴重な収入源となるものです。この料金は電気代の使用料に上乗せされます。

親の会の「頭脳」ともいうべき医師のミヒャエル・スラーデックさん（写真②）は、シェーナウでのエネルギーシフトを実現するために、１９８９年から市議会議員を務めていました。彼は議会において、このＫＷＲとの前倒し契約に真っ向から反対します。それは、引き続き20年間にもわたって、原発に関与する地域独占会社ＫＷＲから電力を買わなければならないことを意味しており、受け入れがたいものだったからです。

写真②　親の会の「頭脳」ミヒャエル・スラーデックさん。プラカードには「原発ウソウソウソ」と書かれている

親の会では、ＫＷＲに申し入れを行なうため、ＫＷＲの本社があるラインフェルデン市に再び出向きます。環境に配慮したエネルギー供給をシェーナウで実現させるために、市と共同で新しい形の電力会社をつくってほしい、という要請です。前回と同じくＫＷＲは横柄な態度に終始し、彼らを相手にしませんでした。

１９９０年11月、ＫＷＲの市への申し出に対抗するため、親の会は「シェーナウ・電力網を買い取る会（以下、買い取る会）」を設立します。ＫＷＲが市に支払うと提案した金額をＫＷＲに代わって提供し、市が上乗せ分のお金になびいて前倒し契約に飛びつかないようにしようとしたのです。

彼らはすでに１９８８年には「電力認可契約」についてのイベントを催しており、電力網の買い取りを将来の目標として想定はしていました。自分たちで電力会社を設立し、ＫＷＲから電力網を買い取ることは、彼らにとって大きすぎる挑戦でしたが、選択肢はほかになかったのです。

シェーナウの電力網を買い取ることは、彼ら自身がシェーナウ市の電力供給を一手に引き受けることを意味します。大胆な抵抗を始めたこの住民グループを、マスコミは「電力の反逆者」と呼びました。この後、この名前はドイツ中を騒がせることになります。

彼らは、市の電力供給についての決定を先延ばしさせるとともに、その間に自分たちの電力会社設立の準備を進めようとしました。

彼らは当初、３００人の住民からそれぞれ年間１００マルクを出してもらおうと考えました。ところが呼びかけを始めてみると、６週間で２８２人もの住民が申し出て、ＫＷＲの提案を超える年間３万２０００マルクの支払いが可能になりました。

市議会はこうした状況を受けて、全会一致で前倒し契約の決定を一時、先送りしました。

買い取る会が、自分たちで電気を配電（売電）する電力会社をつくるためには、計画の実現可能性に関する報告書を市に提出する必要がありました。この報告書をつくるために、各方面の専門家たちがほとんど無報酬で協力してくれました。この報告書で、住民グループの電力網の買い取りと電力事業が、技術的、経済的な観点からも可能であることが保証されました。とくに彼らの事業が環境保護の点において優れていることが強調されています。

住民投票で勝利し、市民の電力会社設立へ

ところが、１９９１年7月8日、ＫＷＲとの前倒しの認可契約が市議会で決定されます。市長と保守政党のキリスト教民主同盟（ＣＤＵ）がこれを支持し、賛成7、反対6で可決されたのです。ある新聞記事はこれを「案件に関わる審議ではなく、権力政治であった。新しいアイデアには挑戦の機会はゆるされず、古めかしい保守が重視された」と批判しました。

買い取る会は、市議会での決定を予想できていたので、この結果に驚きませんでした。彼らはその前夜、いつものようにスラーデック家に集まっていました。このとき、買い取る会のメンバーである市議のインゴ・ブラウンさんが起死回生の打開策を仲間たちに提案します。市議会の決定を無効とする住民投票を行なおうというのです。

住民投票は、バーデン・ヴュルテンベルク州の自治体法で定められています。請求が実現するには、30％以上の投票率とその過半数の賛成が必要とされています。

シェーナウでは初めてとなる住民投票でした。それには有権者の10％の署名が必要となります。住民グループは議会の翌日から署名を集めだし、必要数の約3倍もの有効署名を集めました。

この投票は、「1991年7月8日の市議会のKWRとの認可契約の決定を無効にし、市は買い取る会の提供する金額を受け取るべきですか？」という内容に「はい（Ja）」「いいえ（Nein）」で答えるものでした。「Ja」と書いたハート型のお菓子を焼いて「住民投票にはJaを。シェーナウに温かい心を」と訴えました。一方、KWR側は、シェーナウ市長と保守政党、そしてこの地のいくつかの企業とともに、その有利な立場を使って自分たちの主張を住民に訴えました。

こうして人が集まるところでも家族の間でも、投票の話題でもちきりとなりました。当時シェーナウでは町を二分して「電力論争」が行なわれていたのです。

91年10月27日、住民投票の日。住民の関心の高さは74・3％もの投票率に表れました。結果は賛成が55・7％の票を獲得し、買い取る会側の勝利に終わりました。

その後、彼らは、自分たちの電力会社を設立するため、いよいよ本腰を入れて動き出します。

92年2月には、買い取る会の事務所を、温暖化問題に取り組むマックス・プランク気象研究所の所長であるハートムット・グラッスル教授とともに開設します。グラッスル教授はシェーナウ住民グループを支えた力強い専門家の1人でした。教授はあるシンポジウムでこう語っています。「住民の要望が原発業界の圧力よりも大きいと政治家たちが感じないかぎり、状況は変わらないでしょう。この住民の強い想いを伝えていかなければいけません」。

その当時、彼らの頭を悩ましていた大きな課題は、州経産省からの電力会社設立の許可を得ることでした。ミヒャエル・スラーデックさんは、ロットバイル市エネルギー公社の知人の紹介でエネルギー産業に明るい税理士のバルター・ボルツさんに協力を求めました。ボルツさんはこれを引き受けます。腕利きの仕事人がまた1人、電力の反逆者のもとに駆けつけたわけです。

ボルツさんは、シェーナウ市から南東約30キロにあるヴァルトシュート・ティエンゲン市のエネルギー公社に、住民グループの電力会社を営業面と技術面で援助してくれるよう求めました。公社は買い取る会との間で、電力網引継ぎ後に指導する旨の契約を結びます。こうして、州経産省の認可に必要になる、確実な電力供給と経営力の証明という要件がクリアされました。

1994年1月16日、買い取る会は「シェーナウ電力会社（EWS）」を設立しました。

市の電力供給認可をめぐり電力会社と対決

しかし、州経産省の認可のためには、EWSは電力網買い取りと電力供給事業を行なう資金力を充分にもつことを証明する必要もありました。EWSには2つの資金源がありました。1つは、買い取る会が開設した信託口座への出資。もう1つは、GLS銀行が募集した「エネルギーファンド」（1993年）からの出資です。

GLS銀行（貸し付けと贈与のための連帯銀行）は1974年に設立された銀行です。GLS銀行は世界で初めての、社会・環境面に配慮した利益追求型でない銀行として、ドイツ全土で持続可能な社会と生活基盤をめざし、社会貢献事業や、環境配慮型の事業に融資しています。GLS銀行役員のトーマス・ヨァベルグさんはこういいます。「お金には責任が結びついていて、その責任は、お金と一緒に簡単に銀行に預けてはいけないんだ」。ちなみにドイツではいま、電力会社の選択とともに銀行の選択が話題になっています。原発に加えて兵器製造などの社会に有用ではない事業に投資している銀行から、社会や環境を配慮した銀行への乗りかえが叫ばれているのです。

1995年11月20日、シェーナウ市議会で、「EWSと認可契約を結ぶ」という議案が賛成6、反対5、棄権1（市長）で可決されました。

しかしこの決定に対し、今度はCDU（キリスト教民主同盟）は「買い取る会がいつも言っていたように、最終的な決定は住民がするべきです」と発言し、住民投票を提起します。こうしてシェーナウで再び熾烈な投票戦が始まりました。今回の投票内容は、「1995年11月20日のEWSと電力認可契約を結ぶという市議会決議を無効にし、今までの供給会社ＫＷＲと新しく認可契約を結びますか?」というものです。ＫＷＲを支持するのが「はい（Ja）」、ＥＷＳを支持するのが「いいえ（Nein）」となるわけで、前回の住民投票のときとは「はい」と「いいえ」が逆になっています。

この住民投票では、前回よりも厳しい闘いが繰り広げられました。シェーナウ市は以前にもまして２つに分かれて戦い、家族内でもこの亀裂は避けられませんでした。ＥＷＳ側は彼らを支持するジャム工場のジャムのビンを持って有権者の家を回ります。ジャムのふたには大きくNeinと書かれています。反対にＫＷＲ側は彼らを支持する会社の製品である歯ブラシと、Jaと書かれたチラシを有権者に配りました。

ＫＷＲ側は、もしＥＷＳに電力供給を任せれば電気料金は上がり、職場は奪われ、電気の確実な供給はできなくなるだろう、と住民の不安をあおりました。さらに巨大な機械や変圧器といった設備を住民に見せて、自分たちこそが確実に電力を供給できると示しました。

十分な資金にものをいわせるＫＷＲに対し、ＥＷＳ側は１軒ずつ戸を叩いてまわり、住民一人ひとりを説得することに彼らの時間を注ぎ込みました。市議会議員であり、医者であるミヒャエル・スラーデックさんは当時を回想してこう言っています。「戸別訪問はとても大変な活動でした。この期間に何人かの患者さんが離れていきました。それでも家の戸を叩いてまわったんです」。

一人ひとりに訴えることが重要だと考えた彼らは、さまざまなイベントを催し、住民を集めることに骨を折りました。家の断熱や太陽光発電など環境をテーマにした講演会のほか、若者の暴力や子どもの予防接種といったテーマもとりあげました。健康に関する講演会はいつも好評で、たくさんの人が集まりました。ほかにも老人会やドイツ民謡の集い、ロックコンサートなどを開き、さまざまな人が集まってくれるように工夫したのです。こうして人を集めて、「投票のことは5分くらいで説明する」というのが彼らの流儀でした。

１９９６年3月10日、住民投票が行なわれました。投票率は84・3%。緊張のなか、住民と駆けつけたマスコミが開票を見守っていました。「シェーナウ住民は冒険を選択した」とＫＷＲが選挙結果を評したように、得票率52・4%という僅差で、勝利の女神はＥＷＳに微笑みました。こうしてシェーナウは脱原発運動の希望の星になったのです。もちろんこの夜、住民たちはみんなでお祝いをしました。

「厄介者キャンペーン」と「ＥＷＳ」の設立

しかし重要な問題がまだ残っていました。ＫＷＲが所有する電力網（電線や変電所）を買い取らなければなりません。ＫＷＲは住民グループが設立した電力会社ＥＷＳに法外な値段を提示していました。ＥＷＳ側が依頼した鑑定団が３９５万マルクの値を付けたのに対し、ＫＷＲ側の鑑定団は８７０万マルクを主張したのです。

もしこのような大金を支払えば、ＥＷＳは赤字経営になることは目に見えています。これでは州経産省からの許可はもらえません。しかし裁判所に訴えていては、判決が出るまで長い年月を待たないといけません。ＫＷＲの狙いはここにありました。３年経てば、先の住民投票の最終決定を覆すこともできるのです。ＥＷＳは少しでも前進するために、寄付を集めてこの法外な金額を支払い、後から裁判所に訴えることにしました。ＧＬＳ銀行とＥＷＳは「新エネルギー基金」を設立し、寄付を募りました。

この寄付金は電力網の買い取りにあてられますが、そのあとの裁判によってこのお金の一部が帰ってくれれば、そのお金は別のエネルギーのプロジェクトに役立てるつもりでした。この募金集めを始めてから間もなく、ＧＬＳ銀行の人が大胆なアイデアを携えてやってきました。「募金集めのために、50の広告代理店に無償でしかも本格的な広告キャンペーンを依頼してみる」というものでした。

50社のうち15社が、この依頼によい返事をくれました。この中から選ばれた広告会社ＤＭＢ＆Ｂ社が提案したユーモアのある広告キャンペーンが、「私が厄介者だ」というキャッチフレーズを掲げた「厄介者キャンペーン（Ich bin ein störfall）」でした（写真③）。ドイツ語の störfall は原発事故を意味する言葉であると同時に、厄介者という意味もあります。ＥＷＳを支持する人たちが原発業界にとっての「厄介者」だからです。そして、グリーンピースやＷＷＦなど、ドイツの4大環境保護団体もこの募金キャンペーンに協力しました。

ＥＷＳは不足分の４００万マルクを寄付で集めようとしていました。しかし、間もなく、ＫＷＲは電力網の価格を８７０万マルクから６００万マルクに下方修正してきました（最終的には570万マルクになりました）。

それでも住民グループ側からするとまだまだ高い金額です。しかしエネルギー基金への寄付が160万マルク集まった時点で、EWSは州経産省に電力会社としての認可を要請しました。この認可は1997年6月に下ります。その後、寄付は210万マルクを超え、彼らの自己資金と合わせて電力網を買い取れる金額になりました。EWSはいったんお金を支払い、裁判を起こしました（結局、2005年に350万マルクが妥当ということになり、EWSは支払った570万マルクとの差額とその利子の返済を受けています）。

写真③　「厄介者キャンペーン」のポスター

こうしてEWSは念願のシェーナウ電力網を手に入れ、1997年7月1日、ついに電力供給を始めました。ドイツで初めてとなる住民による電力会社です。社員がたったの3人という出発でした。

この日、7つのテレビ局チームが押しかけました。社員のマーティン・ハルムさんは、壁にEWSの看板を取り付ける様子を、カメラの前で7回も再演しなくてはなりませんでした。

電力の供給開始後EWSがすぐに取りかかったことは、小型コジェネレーションからの電力買い取り価格を7ペニヒから14ペニヒに、太陽光パネルからの電力を17ペニヒから25ペニヒに引き上げることでした。また月の基本料金を下げ、その代わりkWh当たりの電力使用料を引き上げました。こうして節電を経済的に魅力的にしたのです。

電力市場の自由化で事業は全国規模に

EWSがシェーナウ市に電力を供給し始めてまもなくの1998年、EWSにとって、またその他の電力会社にとっても大きな転機が訪れます。ドイツの電力市場が自由化されたのです。

　ドイツでは、すでに１９６０年代から電力分野の自由化について議論されてきましたが、それが実現するのは欧州の政治の場においてでした。１９８６年、欧州議会で「ＥＣ新エネルギー政策」が採択されます。これは確実な電力供給、市場競争の導入による電力料金の値下げ、ヨーロッパにおける電力分野の競争力の強化をめざしたものです。これを受けて、ヨーロッパでは電力分野とガス分野で統一市場の達成が進められることになります。

　さらに１９９６年にＥＵ電力自由化指令が成立。これは加盟国に電力市場開放を求めるもので、99年2月までに各国が法令を整備することが定められていました。これに従ってドイツでは98年にエネルギー経済法が改正され、電力市場が自由化されます。この法改正の重要な点は、電力会社の発電・送電・売電部門の会計（簿記）をそれぞれ分離するように義務付けられたことです。この事業分野の分離によって、電力を独占する会社は部門間の金銭的な融通ができなくなりました。

　それまで発電・送電・売電事業は大手電力会社によって独占されてきましたが、この法改正によって発電・売電分野における自由競争が可能になったのです。こうして電力事業への新規参入が可能になり、消費者は、自分の地域以外の電力供給会社からも電気を買うことができるようになりました。電力供給会社も同様に、電力の購入先を制約なく選ぶことができます。

　ただ一方で、電力の自由化は巨大電力会社の統合と寡占化をもたらしました。大きくなった市場で影響力と競争力を保つためです。自由化前の八大電力会社が自由化後は４つの電力グループ会社に移行します。その寡占率は２００１年の80％から09年の82％とかえって高くなりました。

　さらに自由化当初（04年まで）は、国による調整機関もなく、送電線の使用料（託送料金）はエネルギー関係の各協会とドイツ産業協会などの交渉によって決定されたので、力の強い団体に有利に決められてしまいました。05年からは、託送料金は国の機関（ドイツ連邦ネットワーク管理局）によるチェックのもとで決められています。

　先の見通しが立たない時期でしたが、ＥＷＳは、電力市場の自由化を活用してシェーナウから国内に環境にやさしい電力を提供しようと決断します。

この決断の背景には、２つの理由がありました。

１つ目は、自由化によってシェーナウ市の顧客がほかの会社に奪われる可能性が出てくることです。とくに、かつてＫＷＲの側についた住民がＥＷＳから離れていくことが心配されていました。

２つ目は、自由化はＥＷＳにとって彼らの活動を広げる良い機会でもありました。ある日、ハンブルク市から彼らのもとに一本の電話がかかってきたのです。「あなた方の会社は素晴らしいですね。あなた方から電気を買えたら嬉しいのですが」というものでした。

図①　EWSの顧客数の推移

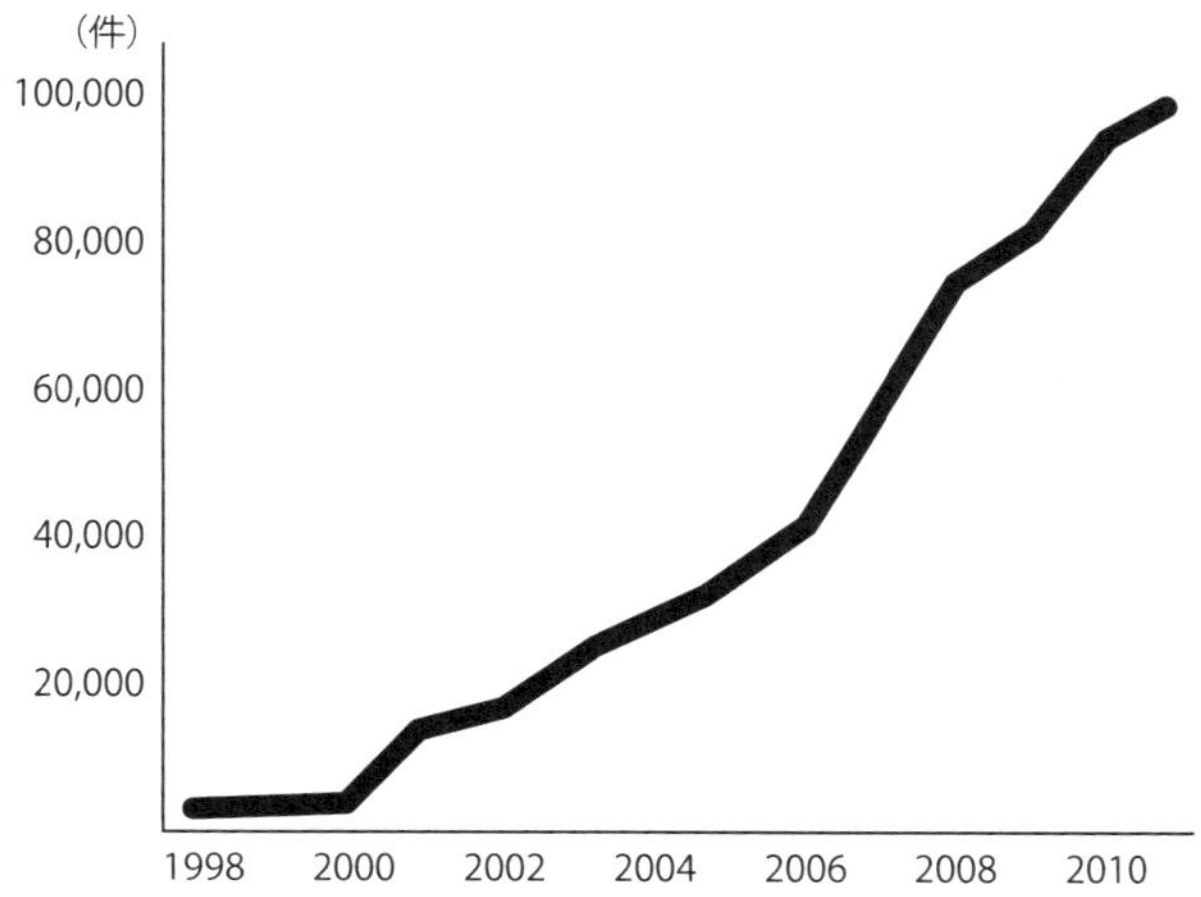

出典：EWSウェブサイト　http://www.ews-schoenau.de/ews.html

こうしてＥＷＳは１９９９年８月、全国への事業拡大の方針を発表しました。するとすぐに申し込みが殺到しました。彼らは夜中まで手続きに追われることとなりました。ウルズラ・スラーデックさんは「でもあの時は楽しかった」と振り返ります。

この後、ＥＷＳはシェーナウでの顧客を失うこともなく、さらに新しくお客さんを増やしました。99年の末には、前の年より５６７件多い２３４５件の顧客がいました。３つの企業もＥＷＳに乗り換えました。２０１２年８月現在、彼らには13万５０００件もの顧客がいます。彼らの提供する環境にやさしい「エコ電力」が、市場での競争力をもちえているのは、図①の顧客数の推移をみれば一目瞭然でしょう。

さらに環境にやさしいエネルギーをめざして

電力市場の自由化はさらにＥＷＳの長年の願いを実現可能にしました。それは原発にまったく関与しない会社の電力のみを扱うことです。ＥＷＳは自前の発電施設を持っていなかったので、それまで地域電力会社のＫＷＲから電力を買わなければいけませんでした。しかし自由化後は自分で電力の仕入れ先を決めることができるようになったのです。

　１９９９年、ＥＷＳは販売電力の半分を東ドイツの自治体のコジェネ発電から、もう半分をダム型でない水力発電から購入し始めました。２００１年からはシュベービッシュ・ハル市エネルギー公社のコジェネ発電施設とオーストリアの水力による電力を仕入れます。ＥＷＳは電気の買い取りに厳しい基準を設けました。原子力発電所からの電気はもちろん、石油、石炭からの電気も決して買い取りません。環境に配慮した発電方法を基準として、自然エネルギーやコジェネレーションシステムでつくられる電力を購入するのです。また、なるべく新設された、環境に配慮した発電施設から電力を買うことによって、このような施設を新たに増やしていくことを後押ししています。

　さらに、原発関連企業の電気を購入しないことも基準としています。たとえば、風力発電機が原発に出資する会社の子会社の物であれば、この風力発電機からの電気を買えば、お金は原発関連企業へと流れてしまうことになるからです。彼らは「お金を原発関連企業から取り上げてしまいたい」のです。

　２０１１年現在、ＥＷＳの電力は、約95％がノルウェー水力発電から、約５％が自治体のコジェネレーション発電から購入したものです。そして、水力発電の電力の少なくとも7割は建てられてから6年以内の新しい発電所でつくられたものです。

　彼らはまた、顧客自身による発電を援助金の「太陽セント」を使って後押しします。「太陽セント」はＥＷＳ顧客から電気使用料に上乗せして集められたお金です。これによって、ＥＷＳ顧客がソーラーパネルや小型コジェネ装置など環境にやさしい発電機を設置することを促し、普通の市民が小さな発電家として利益を手にすることを助けるのです（写真④）。

　ＥＷＳのウルズラ・スラーデックさんは私にこんな話をしてくれました。「電力供給という事業はすべての人に関係することです。それなのにどうして社会のほんの一部の人だけがそこから利益を得ているのでしょうか？　どうしてすべての人が、そこから恩恵を得られないのでしょうか？」

写真④　シェーナウの象徴でもある太陽光パネルを屋根につけたプロテスタント教会を中心としたシェーナウの風景

２００９年11月の時点で、「太陽セント」によって設置された発電装置はドイツ全土で計１４５０基。年間予想発電量は３２８４万ｋＷｈにのぼります。その内訳は、ソーラーパネルの１１９３基、小型コジェネ装置２２１基、風力２基、バイオマス33基、水力３基となっています。その後、発電装置総数は２０１１年７月時点で１８００基にまで増えました。

ＥＷＳはガス分野にも参入、シェーナウ市とヴェムバッハのガス網を買い取って所有し、バーデン・ヴュルテンベルク州とバイエルン州でもガスの供給（販売）を行なっています。

幅広い活動を展開するＥＷＳ

シェーナウ電力会社（ＥＷＳ）は４つの有限責任会社から構成されています。電力網とガス網を運営する「電力・ガス網ＥＷＳ」、発電施設の建設と運営を行なう「エネルギーＥＷＳ」、電力とガスの販売を行なう「電力・ガス販売ＥＷＳ」、再生可能エネルギー法に準拠する電力のマーケティングを行なう「ダイレクトＥＷＳ」です。

この４つの会社に出資するのが、「ＥＷＳ・電力網を買い取る協同組合」です。これは「シェーナウ・電力網を買い取る会」が09年に誰でも出資できる協同組合として再編されたものです。

１９９７年、３人の社員と１７００件の顧客から始まったＥＷＳですが、２０１２年には80人以上の社員を抱え、13万５０００件の電力顧客を持つまで成長しました。さらにガス顧客も７０００件を数えます。これは、大企業に依存せずエコ電力のみを供給する電力会社としては、ドイツで3番目の大きさです。

ドイツではエネルギー供給は自治体のサービスとされているものの、多くのばあい、その運営は自治体と認可契約を結ぶ供給会社に委ねられてきました。しかし90年代終わりごろから、自治体が電力網やガス網を企業から取り戻して自ら運営を行なう動きが広がっています。

２００７年から11年はじめまでの間に、１００以上の自治体で、電力・ガス供給網が自治体の出資するエネルギー公社の手に、つまり住民の側に買い戻されました。２０１１年から２０１５年までの間にはドイツ全土で約１０００もの自治体で認可契約が切れることになりますが、多くの自治体が、住民のための、環境に配慮したエネルギー供給を実現しようと、供給網を取り戻す準備をしています。そのなかにはベルリンやシュトゥットガルトといった大都市も含まれます。

供給網を手に入れることで、自治体は分散型の発電設備の設置などを着実に実行できるし、収入源の獲得と住民の雇用創出をはかることもできます。今までは、大都市の巨大な電力会社へ流れていたお金が、地域で自家発電所をつくり、その電力を販売、購入することによって、地域へと還元されるのです。

ＥＷＳは自治体によるこうした住民参加型のエネルギー公社設立を支援しています。住民が自分たちの生活に関わるエネルギー政策に自ら参加していくことが大切だと彼らは考えているのです。

ＥＷＳはエネルギー公社の設立を準備しているシュトゥットガルト市やティティゼー・ノイシュタット市を支援しています。ティティゼー・ノイシュタット市では、住民がつくるエネルギー協同組合も出資するかたちで公社が設立されました。出資額は市60％、ＥＷＳが30％、住民エネルギー協同組合が10％です。２０１２年５月、このエネルギー公社は電力供給を開始しました。

ＥＷＳはまた、これまでの電気の供給（売電）に加えて、自ら環境にやさしい発電施設を住民が直接参加する形で建設する事業に踏み出しています。

シェーナウ市のあるレーラッハ郡内の３つの自治体は、「ＥＷＳ・電力網を買い取る協同組合」とユーヴィー風力会社との共同で風力パークの建設を計画中です。ＥＷＳ協同組合が出資と経営を担当し、ユーヴィー社が技術面を担います。３つの自治体の住民を中心に、この風力パーク計画のための地域住民協同組合が結成された後には、ＥＷＳはこの住民協同組合へ事業を引き継ぐ考えです。

ミヒャエル・スラーデックさんは「協同組合という会社の形は、そのほかの資本参加型の会社形態よりも民主主義という意味において優れています。なぜなら協同組合では出資者がその出資額にかかわらず同じ１票を持つからです」と語っています。

シェーナウの住民たちの歩みは、先の見えない手探りのものでした。しかし「電力の反逆者」と呼ばれた彼らは、自分たちの強い想いを胸に、仲間と助け合って一歩ずつ歩んできました。彼らの成功は、巨大な権力や企業に対する無力感を克服し、社会の構造を住民の手で変えていくことが可能であることを示しています。

「子どもたちや環境のために何かしたいけど、何をしたらいいのかわからない」という想いからシェーナウ住民の成功の一歩は始まりました。この想いは福島原発事故後、日本の多くの人びとが感じているものだと思います。

「ＥＷＳ・電力網を買い取る協同組合」の理事を務めるウルズラ・スラーデックさんは、私にこう語ってくれました。

「一緒の目的を持った仲間がいることは、ものすごく大切なんですよ。誰かが希望を失っても、他の仲間が、いや、きっとうまくいくと引っ張っていく。こういうグループの働きはとても大きな意味があります」

ドイツと日本とでは、いろいろな状況が違いますが、シェーナウの住民グループがしてきたように、仲間とともに確実な一歩を歩んでいくことができると私は信じています。

主な参考文献：“Kommunale Energiepolitik und die Umweltbewegung” Patrick Graichen ／“Störfall mit Charm” Bernward Janzing

市民がつくる発電所 ― 藤野電力

藤野電力は昨年の5月、神奈川県の旧藤野町地域で結成された市民グループです。先の大震災と原発事故を契機に、現在の電力供給システムに疑問を感じ、自分たちでやれることは自分たちでやろうという意思を持って集いました。数回の会合を経て、まず藤野電力宣言という主旨がメンバー間で共有されました。活動の主旨をよく表現していると思うので、以下その一文を抜粋します。

> 藤野電力とは、自然や里山の資源を見直し、分散型の自然エネルギーを地域で取り組む活動です。
>
> そして目指すものは、エネルギーシステムの移行自体より、むしろそれによってもたらされる、地域の豊かな未来なのです。

立ち上げから1年が過ぎ、今までの活動を振り返ってみますと藤野電力の活動は大きく４つの分野に整理できます。

1つ目は、イベントやお祭りへの電源供給。これは藤野電力の一番最初の仕事でもありました。旧藤野町地域では毎年ひかり祭りという芸術祭が開催されており、去年は祭りで使用する電力をすべて自家発電で賄うという方針のもと、３日間、延べ人数５０００人を集客。その祭りの電源を仲間たちの協力を得て、無事担うことができました。その後、ひかり祭りは「ひかりキャラバン」と称し、東北各地に自然エネルギー電源とアーティストを携え、祭りを届けに回ります。およそ2ヵ月半、計7ヵ所におよぶこのキャラバンは、現場で培った技術についても人びととのつながりについても、現在の藤野電力の礎の一部となっていると感じます。

２つ目は、ミニ太陽光発電システム組立てワークショップの開催です。身近にある機材を繋ぎ合わせて、自分自身で小さな太陽光発電システムをつくろうという内容です。

２０１１年10月「藤野ふるさと祭り」での開催を契機にして、拠点としている廃校を再利用したアーティストのアトリエ「牧郷ラボ」を会場にして毎月定例開催しています。各地への出張ワークショップと合わせて、２０１２年6月現在まで、計15回を開催し、延べ４００人をこえる

コラム５

方々に参加いただきました。

ここでみなさんが組立てて持ち帰られたシステムの合計出力はおよそ６０００Ｗ。システム１つあたりの出力は50Ｗと小さなものですが、市民の草の根の力を感じています。

３つ目は、地元藤野地域での個人宅への施工です。藤野電力メンバーである建築士さんの設計による自然住宅に、家庭内の電気の一部を担うという仕様で施工した事例が２件あります。２件とも新築物件なので、電力会社のコンセントの隣に独立ソーラーのコンセントを配置し、ソーラーの電気がなくなったら電力会社のコンセントに差し替え、逆に停電時はソーラーのコンセントに差し替えるという使い勝手をご提供することができました。

設置するソーラーパネルの発電能力は50Ｗ～１００Ｗ。こちらも小さな取り組みではありますが、藤野に移住してきた住民が中心になって始めた藤野電力という市民活動を、地元の方々が温かく見守り受け入れてくださっていることに感謝しつつ、今後も地道に継続していきたいと思っています。

４つ目は、市民による市民のための発電所を建設しようというプロジェクトで、現在2件のプロジェクトが同時並行で進んでいます。

１つ目は、藤野電力の拠点である牧郷ラボの電力を独立太陽光発電で賄おうというプロジェクト。ここで用いる太陽光パネルは、東海大学工学部の内田教授から寄付いただいたもので、20年前の廃品を再利用したものです。先日、パネル約１７０枚のうち半分ほどをクリーニングしましたが、開放電圧21Ｖの仕様の製品で軒並み25Ｖ～26Ｖの出力が確認でき、今後の成果に期待をふくらませています。

２つ目のプロジェクトは、小水力発電への挑戦です。ここで扱う発電機もやはり小さなものでして、知恵と工夫の手仕事で簡単に設置できる方法はないか、地元の篤志家の応援を得て試行錯誤を開始しました。

このように藤野電力の活動は、物質的には決して大きなものではありません。むしろ電力とはなにか？　エネルギーとはなにか？　ということを、日の光りと向き合い、水の流れと向き合い、自らの身体を用いた手作業をとおして、心の内面に問いかけてゆくような体験を志向しています。かつてテレビ局の電話取材にて「最終的な目的は何か」と問われた際、ふと、こう答えたことがあります。「僕たちの最終目標は、自身を含めた全人類の意識変容です」。この答えはもしかすると僕の心に秘められた本当なのかもしれません。

（小田嶋電哲）

政府の電力システム改革の問題点

このブックレット作成中に、経産省資源エネルギー庁に設けられた「電力システム改革特別委員会」から政府の発送電分離や電力自由化についての方針が発表されました。需要側では**①小売全面自由化（地域独占の撤廃）**と**②総括原価方式の撤廃**、供給側では**③発電の全面自由化**、そして**④送配電部門の中立化**と**④地域間連系線の強化**をうたっています。日本の電力システム改革の大きな前進という評価もありますが、まだ不十分です。その内容を少し詳しく見ていきましょう。

安定供給は大規模発電からという考えのまま

小売全面自由化と言いつつ、「国際競争にしのぎを削る多くの産業郡は、引き続き大規模電源が生み出す低廉かつ安定的な電力供給を必要とする」という記述に代表されるように、従来型大規模発電依存の頭が切り変えられていません。災害時の大規模発電と大量送電の弱さを思い知ったはずなのに、発電側に「安定供給を求める」という考え方が残っています。

これでは、災害時でも対応できる地産地消的な分散型発電に進まず、安定供給を名目に大規模発電優遇に偏る可能性が大です。「総括原価方式の撤廃」も「供給義務の撤廃」とセットという考えなので、安定供給が難しいなら、総括原価方式もやめられないことになり、改革は有名無実化するでしょう。

送電網の運用と切り離された発電自由化

この改革案では送電網はどうあるべきかが示されていません。いままでの地域独占や発送配電一体型システムの弊害が十分認識された結果としての電力システム改革であるはずなのに、きちんと評価もせずに送配電分野の改革が示されているために、「地域間連系線の強化」（73ページ参照）や「広域系統運用機関の設立」（27ページ参照）などが打ち出されていても、それをどこまでやるのかが不明瞭です。結果として、広域運用が可能な送電網になっていません。

それが反映して、発電の自由化でも「各供給区域における需給に混乱を与えないよう」とか、「再生可能エネルギー導入拡大」で「周波数変動調整のための新たな大規模電源の必要性は増す」という、電力システム改革にまったく逆行するようなことが書かれています。送電網の運用側で再生可能エネルギーの変動に対応して、需給調整できる立場になっていないことがわかります。

発送電分離のかたちも不十分

発送電分離は「所有権分離」がめざす最終形です（26ページ参照）。そこへ向かう道のりとして、送電線の運用だけ別の中立機関に託す「機能分離」と、送電部門だけを別会社（子会社）にして統合し広域で運用する「法的分離」があるのですが、方針では年内をメドにこのどちらにするかを決めると書かれているだけです。「所有権分離」は将来的課題とされてしまいました。

その背後には、現在、送電網を所有している電力会社の強い力があるだろうと思います。電力会社に対し、まずは「広域運用」することを最優先とし、そのためには「地域間連系線の強化」などが必要だということで電力会社との合意をとったというのが、この政府方針の段階だと思います。

しかし、発電だけでなく節電を需給調整に組み込む「省エネの供給電源化」や、30分同時同量ルールの見直しによる「リアルタイム市場の創設」など意欲的な新しい取り組みも提案されています。これらの詳細設計はこれからであり、市民がしっかり監視し発言をしていくことが重要になるでしょう。

竹村英明

あとがき　私たちの「電気を選べる」しくみの実現にむけて

平田仁子（気候ネットワーク東京事務所所長）

電力システムのあり方を変えよう

「家庭用電力、２０１４年以降自由化へ」。

２０１２年５月18日、主要各紙の一面をこのような見出しが飾りました。

これが意味することはもうおわかりでしょう。政府でも電力システム改革の検討がはじまり、７月には「基本方針」がとりまとめられます。この通りになれば、家庭で使う電気を選ぶことができるようになる日もそう遠くないかもしれません。サービスや料金を見比べて、電気が選べるようになるなんて、まだ想像しにくいかもしれません。なにしろ私たちは、電気を使った分だけ毎月きまって○○電力から請求書が送られてくる日常に慣れすぎています。

「東京電力の電気は使いたくない」とか「値上げなんてゆるせない」などと思っていても、今の私たちに、電力会社を選択する自由は与えられていません。電気を使わない生活に切り替えるなら別ですが、電気に依存する以上、ただ受け入れるしかないのです。

しかし、通信事業のダイナミックな変化を体験している世代なら、これから電気の世界で起ころうとしていることを予感できるのではないでしょうか。通信分野では、電電公社が民営化されてＮＴＴとなり、市場競争を促進する政策に後押しされて、今ではさまざまな事業者が参入しています。携帯電話各社は、自由競争のなかでさまざまなサービスや料金制度を提供し、私たちは、それらを見比べて会社やサービスを選んでいます。

電気においても同じような改革がはじまろうとしているのです。

発送電分離で電力独占体制にメスをいれる

東京電力による福島原発事故対応は、混乱し、場当たり的で、危険極まりない状態で、問題だらけでした。情報公開もとても不十分でした。国と一体となって進めてきた「安全神話」への過信が、事故への万全の備えを怠らせてきたのでしょう。

しかし、東京電力の経営陣からは、事故に対する責任解明の努力も反省の姿勢さえ見られません。

電力会社は、民間企業でありながらも、競争原理のはたらかない地域独占のなかで発電の費用に一定のもうけを上乗せする「総括原価方式」によって、決して損をしないよう守られながら原発などの大規模プラント建設を続けてきました。そして、地域での政治力と権益を肥大化させてきました。

これまでの電力の部分自由化によっても、他社の参入を小さく抑え、再生可能エネルギー事業の参入を阻害しながら、実質的な地域独占を維持し今日まできたのです。そうした現システムの「ぬるま湯」ともいえる状態にどっぷりつかったなかで、電力会社の体質は、どんどん傲慢さを増していってしまったのではないでしょうか。こうした電力会社の体質自体にメスを入れようとしたのが発送電分離です。

発送電分離とは、電気を送る送電網を「公共の財産」にして、どの発電事業者にも開放しようというものです。そしてそこに、太陽光や風力、地熱などの再生可能エネルギーの事業者がどんどん発電事業に参入し、公正なルールの下で送電網を利用してクリーンな電気を送ることができ、さらに、配電・小売り会社を通じて、さまざまな電力サービスが提供され、消費者が電気を選べるようになるというものです。再生可能エネルギーを大幅に増やしていくためにも、こうした電力システム改革は不可欠です。

原発の電気を選ばない自由を

ドイツのシェーナウの住民たちの決意と行動力は、すばらしくため息がでるほどです。しかし、シェーナウの住民が当時置かれていた状況と私たちが今置かれている状況は、それほど違わないように思えるのです。電力会社を選びたい、再生可能エネルギーをもっと増やしたい、そしてその電力を選びたいと思うとき、私たちはそれを形にするために、不満を原動力に変えることができるでしょうか？それとも、やはり政治はダメだと、失意のままに不平不満をつぶやくだけに終わるのでしょうか。

先行して電力自由化を進め、再生可能エネルギーを増やしている欧米諸国の人びとは、福島原発事故後に、日本がようやくこの「本丸」の仕事に取りかかれるか、注目していることでしょう。もちろん、シェーナウの人びとと違うアプローチもいろいろありえるでしょう。しかし、1つ言えそうなことは、彼らの決意と行動力に学ぶことが大いにあるということです。そして、注目すべきなのは、彼らの行動が実際に社会を変えたという事実です。

脱原発を実現したいと強く願うならば、「発送電分離を、電力自由化を、そして再生可能エネルギーを」と、意思表示をするべきでしょう。その原動力が、原発の電気を選ばない自由を手に入れ、コストがかかり、リスクの大きな原発を淘汰していくことにつながります。電力自由化は、脱原発、再生可能エネルギーへのシフトへの決定的に重要な要素なのです。

執筆者紹介

星川 淳（ほしかわ・じゅん）
作家、翻訳家、一般社団法人アクト・ビヨンド・トラスト理事長。1952年東京都生まれ。チェルノブイリ事故以来、国内外の脱原発運動に関わり、2005年末から5年間グリーンピース・ジャパン事務局長も務めた。著書に『魂の民主主義』（築地書館）、共著に『非戦』（幻冬舎）ほか多数。はじめに執筆。

飯田哲也（いいだ・てつなり）
環境エネルギー政策研究所（ISEP）所長。1959年山口県生まれ。京都大学大学院工学研究科原子核工学専攻修了。東京大学先端科学技術研究センター博士課程単位取得満期退学。原子力産業や原子力安全規制などに従事後、北欧での研究活動などを経てISEPを設立し現職。自然エネルギー政策の国内外における第一人者。著書に『北欧のエネルギーデモクラシー』（新評論）、『エネルギー進化論』（ちくま新書）等多数。1章執筆。

山下紀明（やました・のりあき）
環境エネルギー政策研究所（ISEP）主任研究員。1980年大阪府生まれ。京都大学大学院地球環境学舎環境マネジメント専攻修了（修士）。ベルリン自由大学環境政策研究センター博士課程在籍。東京都市大学非常勤講師。地方自治体の環境エネルギー政策を中心に研究し、実践を行なう。2章、コラム2執筆。

開沼 博（かいぬま・ひろし）
福島大学特任研究員。社会学者。1984年福島県いわき市生まれ。東京大学大学院博士課程在籍。震災以前より原子力発電所の問題を切り口に、戦後日本の地域社会に関する研究に従事。修士論文をもとに『「フクシマ」論―原子力ムラはなぜ生まれたのか』（青土社）を2011年に上梓。第65回毎日出版文化賞受賞。3章執筆。

竹村英明（たけむら・ひであき）
環境エネルギー政策研究所（ISEP）顧問。エナジーグリーン株式会社副社長。1951年広島県生まれ。3.11後に誕生した「東日本大震災つながり・ぬくもりプロジェクト」事務局長も。eシフトでは総合アドバイザー的に活動中。4章、コラム1、3、4執筆。

及川斉志（おいかわ・まさし）
自然エネルギー社会をめざすネットワーク共同代表。1977年宮城県生まれ。フライブルグ大学森林環境学卒業。5章の中で紹介されたドイツ・シェーナウの住民たちがつくった自然エネルギーの電気を扱うシェーナウ電力会社を描いたドキュメンタリー映画『シェーナウの想い』を翻訳。日本各地に広げる上映会の援助活動をしている。5章執筆。

小田嶋 電哲（おだじま・でんてつ）
藤野電力エネルギー戦略企画室室長。1972年東京都生まれ。藤野電力では主に資材調達、交渉、現場作業などを行なっている。コラム5執筆。

平田仁子（ひらた・きみこ）
NPO法人気候ネットワーク東京事務所所長。1970年生まれ。出版社に勤務後渡米し、米国環境NGOで地球温暖化に関する活動に携わる。帰国後、98年より気候ネットワークに参加。NGOの立場から、国内外の地球温暖化に関する政策研究・政策提言・情報提供などを行なっている。編著に『原発も温暖化もない未来を創る』（コモンズ）等。あとがき執筆。

eシフト編集協力：加藤直樹
協力：eシフト事務局・吉田明子

eシフト参加団体

国際環境NGO FoE Japan／環境エネルギー政策研究所（ISEP）／原子力資料情報室（CNIC）／大地を守る会／NPO法人日本針路研究所／日本環境法律家連盟（JELF）／「環境・持続社会」研究センター（JACSES）／インドネシア民主化支援ネットワーク／環境市民／特定非営利活動法人APLA／原発廃炉で未来をひらこう会／気候ネットワーク／高木仁三郎市民科学基金／原水爆禁止日本国民会議（原水禁）／水源開発問題全国連絡会（水源連）／グリーン・アクション／自然エネルギー推進市民フォーラム／市民科学研究室／グリーンピース・ジャパン／ノーニュークス・アジアフォーラム・ジャパン／フリーター全般労働組合／ピープルズプラン研究所／ふぇみん婦人民主クラブ／No Nukes More Hearts／A SEED JAPAN／ナマケモノ倶楽部／ピースボート／WWFジャパン（公益財団法人 世界自然保護基金ジャパン）／GAIAみみをすます書店／東京・生活者ネットワーク／エコロ・ジャパン・インターナショナル／メコン・ウォッチ／R水素ネットワーク／東京平和映画祭／環境文明21／地球環境と大気汚染を考える全国市民会議（CASA）／ワーカーズコープ エコテック／日本ソーラーエネルギー教育協会／THE ATOMIC CAFE／持続可能な地域交通を考える会（SLTc）／環境まちづくりNPOエコメッセ／福島原発事故緊急会議／川崎フューチャー・ネットワーク／地球の子ども新聞／東アジア環境情報発伝所／Shut泊／足元から地球温暖化を考える市民ネットワークえどがわ／足元から地球温暖化を考える市民ネットワークたてばやし／東日本大震災被災者支援・千葉西部ネットワーク（2012年8月31日現在）

編者紹介

eシフト（脱原発・新しいエネルギー政策を実現する会）

3・11のあとに誕生した脱原発を目指す共同アクション。日本のエネルギー政策を自然エネルギーなどの安全で持続可能なものに転換させることを目指す市民のネットワーク。個人の参加に加えて、気候ネットワーク、原子力資料情報室、ＷＷＦジャパン、環境エネルギー政策研究所、FoE japanなど、さまざまな団体が参加しています。

【問合せ先】

eシフト（脱原発・新しいエネルギー政策を実現する会）事務局
国際環境NGO FoE Japan内
〒171-0014　東京都豊島区池袋3-30-22-203
TEL: 03-6907-7217　FAX: 03-6907-7219
http://e-shift.org

合同ブックレット・ｅシフトエネルギーシリーズ　Vol. 2

脱原発と自然エネルギー社会のための発送電分離

2012年9月15日　第1刷発行

編　者　ｅシフト（脱原発・新しいエネルギー政策を実現する会）
発行者　上野　良治
発行所　合同出版株式会社
　　　　東京都千代田区神田神保町 1-28
　　　　郵便番号　101-0051
　　　　電話　03（3294）3506
　　　　振替　00180-9-65422
　　　　ホームページ　http://www.godo-shuppan.co.jp/
印刷・製本　株式会社シナノ
■ 刊行図書リストを無料進呈いたします。
■ 落丁乱丁の際はお取り換えいたします。

ISBN 978-4-7726-1073-5　NDC 360　210 × 148